工程部位：跨江南引桥钢栈桥工程。

工程简介：全长 2.3km，宽度 9m，单孔跨度 12m（裸岩区 9m），5 跨 1 联。

施工方法：采用 80t 履带式起重机，"钓鱼法"施工，裸岩区采用锚杆嵌岩桩。

工程部位：跨江主桥 2 号墩桩基工程。

工程简介：桩径 2.8m，桩长 51m，共 12 根，入岩 4.5m。

施工方法：采用两台 KTY4000 全液压动力头钻机成孔。

工程部位： 跨江主桥 2 号墩钢围堰工程。

工程简介： 双臂钢套箱，内轮廓 25.4m×17.4m，壁厚 1.5m，高度 22m。

施工方法： 重 800t，采用大型浮式起重机，竖向分两节拼装（15.0m+7.0m）整体下放。

工程部位： 跨江引桥 S1 号墩。

工程简介： n 字形框架墩，墩身高 23.427m，墩身混凝土浇筑量达 928m³。

施工方法： 采用劲性骨架 + 翻模浇筑施工。

工程部位：第四联钢桁梁首节段吊装。

工程简介：钢梁杆件最重达 55.5t，杆件最长达 14.41m。

施工方法：临时支墩辅助，悬臂法、支架法拼装。

工程部位：第四联钢桁梁上弦杆、腹杆及铁路桥面板拼装。

工程简介：单块铁路桥面板最重达 116.6t，最长达 12m，最宽达 24.6m。

施工方法：临时支墩，悬拼法、桥面起重机安装法。

工 程 掠 影

工程部位： 第四联钢桁梁拼装。

工程简介： 墩间 84m，钢梁杆件最重达 55.5t，杆件最长达 14.41m。

施工方法： 桥面起重机悬拼法、履带吊辅助拼装。

工程部位： 第四联钢桁梁拼装。

工程简介： 7m×84m，钢梁杆件最重达 55.5t，杆件最长达 14.41m。

施工方法： 桥面起重机相背同步对称悬臂架设。

工程部位： 第三～第五联钢桁梁拼装。

工程简介： 第三、第四联均为 7 孔 ×84m，第五联为 2 孔 ×84m。

施工方法： 多台桥面起重机悬臂拼装作业。

工程部位： 第七、第八联钢桁梁拼装。

工程简介： 为折线型钢桁梁段，主桁平面折角约为 177.6°，31～47m。

施工方法： 支架法安装、桥面起重机悬拼、履带式起重机辅助拼装。

工程部位：第三～第八联预制桥面板架设。

工程简介：板厚为 22cm，13.96m×2.62m、6.98m×2.62m，最重约 22t。

施工方法：桥面起重机吊装施工。

工程部位：上层公路主桁架、轨道梁钢桥面板。

工程简介：上层公路主桁中心距 15m，挑臂长 8m，公路面全宽 31m；钢桥面板标准段宽 15m，渐变段由 15m 渐变至 27m。

施工方法：桥面起重机悬臂拼装。

工程部位： 标准段公路梁面剪力钉。

工程简介： 剪力钉与主桁在工厂预制成型，剪力钉密集布置，桥面板通过与钢桁梁顶面的圆柱头剪力钉共同受力。

施工方法： 钢桁梁加工厂预制成型。

工程部位： 钢桁梁标准段预制板湿接缝浇筑施工。

工程简介： 湿接缝沿桥梁纵向、横向通长布置，最小宽 1.04m，最大宽 2.8m。

施工方法： 清理接缝，板侧面凿毛，湿接缝混凝土进行等重预压浇筑。

工程部位：跨江桥桥面。

工程简介：全桥 3.2 万 t 钢桁梁拼装完成，全桥 1620 块预制桥面板架设完工。

施工方法：履带式起重机配合桥面起重机吊装。

工程部位：通车后的公轨共用双层梁桥。

工程简介：连接福州市区和长乐、滨海新城的重要过江通道，进一步完善乌龙江两岸城市组团的骨干交通网，"东拓南进，沿江向海"的重要通道。

潮汐河口区连续多跨钢结构公轨两用桥施工关键技术

——福州市道庆洲大桥

中国建筑第六工程局有限公司
中建六局第四建设有限公司　编著

中国建筑工业出版社

图书在版编目（CIP）数据

潮汐河口区连续多跨钢结构公轨两用桥施工关键技术 ：福州市道庆洲大桥 / 中国建筑第六工程局有限公司，中建六局第四建设有限公司编著. -- 北京 ：中国建筑工业出版社，2025. 4. -- ISBN 978-7-112-30876-7

Ⅰ. U448.12

中国国家版本馆CIP数据核字第2025XZ7023号

责任编辑：张　磊　边　琨
责任校对：张　颖

潮汐河口区连续多跨钢结构公轨
两用桥施工关键技术
——福州市道庆洲大桥

中国建筑第六工程局有限公司
　　　　　　　　　　　　　　编著
中建六局第四建设有限公司

*

中国建筑工业出版社出版、发行（北京海淀三里河路9号）
各地新华书店、建筑书店经销
北京鸿文瀚海文化传媒有限公司制版
建工社（河北）印刷有限公司印刷

*

开本：787毫米×1092毫米　1/16　印张：11½　插页：4　字数：287千字
2025年2月第一版　　2025年2月第一次印刷
定价：**62.00**元
ISBN 978-7-112-30876-7
（44093）

编委会

编写领导小组

组　长：黄克起

副组长：焦　莹　宫治国

成　员：余　流　高　璞　刘晓敏　高振洲　王　立

编审委员会

主　编：黄克起

副主编：焦　莹　高　璞　宫治国　高振洲　李邦红　杨光武

编写组成员：

王　立	王冬冬	王建丰	王英瞩	王胜利	马慧杰
田卜元	田卫国	石怡安	李　飞	朱小六	李绍平
李　松	李　洋	李春野	刘晓敏	李　萍	连　飞
邹飞仁	张加传	张红风	张华勇	杨运成	邵荣伟
余　流	杨健民	张振禹	陈福源	何　毅	林立光
尚亚飞	郑亚鹏	郑志东	武　科	周俊龙	赵光远
赵春峰	陶　波	胡海龙	班　航	曹振田	强伟亮
蒋修庆	彭嘉城	蔡俊宝	潘　凡		

统　稿：宋　飞　张凤丽　赵琳琳　郭　鹏　瞿国云

审　核：边　琨

主编单位：

中国建筑第六工程局有限公司

中建六局第四建设有限公司

参编单位：

福州左海控股集团有限公司

福州市交通建设集团有限公司

中铁大桥勘测设计院集团有限公司

福州市规划设计研究院集团有限公司

福建路信交通建设监理有限公司

中建六局（上海）工程设计有限公司

序
PREFACE

    改革开放以来，中国经济、科技、制造业等迅速发展，公轨两用桥梁以其良好的环保性、经济性、可持续发展性得到了大力的推广使用。从中华人民共和国成立初期的武汉长江大桥、南京长江大桥到21世纪建成的芜湖长江大桥、沪通长江大桥等，施工技术水平有了明显的提高。

    中建六局第四建设有限公司是中国建筑第六工程局有限公司的重要骨干企业和投身国家经济政策高地的排头兵。2017年5月，工程局有幸中标福州道庆洲大桥工程A2标段，该工程为福州市首座公轨共建桥梁，施工环境复杂、作业难度大。面对各种各样的难题和挑战，项目团队坚持科研攻关，使得项目完美履约，顺利通车。

    项目实施过程中，我们创新研发了裸岩区栈桥嵌岩植桩、裸岩区大直径嵌岩桩、大型双壁钢围堰、连续变高钢桁结合梁桥、水上大跨双层现浇梁等施工关键技术，形成多项省部级工法、科学技术奖、专利等。为使这些经验得以传承，我们对施工过程进行了总结提炼，编纂了这本特大型公轨两用桥梁施工关键技术研究的专著，希望能为从事公轨两用桥梁施工的同仁提供一些借鉴和参考。

    由于施工团队年轻、技术水平有限，同时公轨两用桥梁施工涉及面广、专业技术性强，不足之处请专家和同仁们批评指正。

    专著的编纂过程中，得到了许多领导和同事们的大力支持与配合，并参考了许多专家、学者的研究成果，在此表示衷心的感谢！

目录
C o n t e n t s

1 工程概述

1.1 工程意义

道庆洲大桥坐落于福建省福州市，这座城市不仅是海峡西岸经济区的核心，更是汇聚政治、经济、文化、科研与金融服务业的繁荣之地。大桥作为福州市交通网络的关键一环，横跨乌龙江，北连福泉高速，南接长乐与滨海新城，是连接福州市区与新兴发展区域的要道。

工程自北起始于福泉高速，沿规划纵二路高架延伸，跨越南江滨路、乌龙江及多条重要道路，直至猴玉线（营融线）规划终点，形成一条高效便捷的交通走廊。同时，大桥的轨道工程与道路工程并行，自仓山区三江路出发，与 G316 高架桥共线，直达福州市长乐区，进一步强化了区域间的互联互通，如图 1-1 所示。

道庆洲大桥的建设，不仅完善了乌龙江两岸的交通网络，更是福州市"东拓南进，沿江向海"发展战略的重要实践。它的通车，将极大促进马尾新城与长乐地区的开发建设，加速福州新区与滨海新城的融合发展，对优化福州综合交通布局、推动城市现代化进程具有不可估量的价值。总之，道庆洲大桥不仅是交通的纽带，更是福州城市发展的强劲动力。

图 1-1　大桥平面布置图

1.2 工程概况

道庆洲大桥位于福建省福州市长乐区，为公轨两用桥梁，项目总长 6.82km，公轨共线长约 4.35km，上层公路为 6 车道城市主干道兼一级公路，下层为双线地铁 6 号线，如图 1-2 所示。

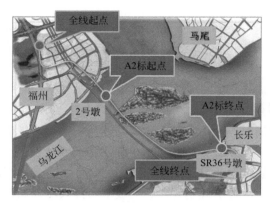

图 1-2　标段划分示意图

跨江大桥又分跨江主桥和八联跨江引桥，跨江主桥采用的是主跨 276m 的变高度钢桁结合梁，是国内跨径最大的钢桁结合连续梁桥，也是国内首创的双层变高度钢桁结合梁桥，如图 1-3、图 1-4 所示。

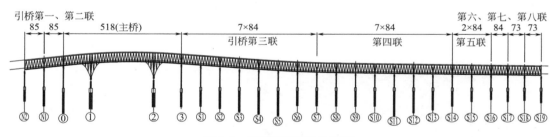

图 1-3　跨江引桥桥位布置图

图 1-4　福州市道庆洲大桥立面效果图

　　道庆洲大桥工程共分为 2 个标段施工，本书主要针对 A2 标段相关工程进行施工技术总结，该标段工程内容为跨江主桥 2 号墩与 3 号墩工程、跨江段南引桥工程（第三～第八联）、南岸接线桥梁工程（SR1 号墩至 SR36 号墩的桥梁工程）。

1.3　技术标准

　　公路工程主要技术标准见表 1-1。

公路工程主线主要技术标准　　　　　表 1-1

项目	技术标准
道路等级	城市主干道兼一级公路
设计车速	60km/h
车道数	双向六车道＋两侧人非车道
设计最大纵坡	4%
设计最小纵坡	0.3%
最小平曲线半径	200m
最大平曲线半径	2500m
桥梁设计洪水频率	特大桥 1/300，大桥 1/100
汽车荷载等级	城市 A 级
地震基本烈度	7.0 度，设计基本地震加速度值为 0.10g

1.3.1　轨道技术标准

　　轨道工程技术标准见表 1-2。

轨道工程技术标准　　　　　表 1-2

项目	技术标准
正线数目	双线（福州地铁六号线）
设计运行速度	100km/h
线间距	4.2m
建筑界限	轨道桥面净宽 9.8m，轨顶以上净高不小于 6.5m
轨道结构形式	橡胶隔振垫整体道床，轨道高度 0.56m
轨道交通车型	B2 车型，六辆编组，接触网受电

1.3.2　匝道技术标准

　　公路匝道技术标准见表 1-3。

公路匝道技术标准   表 1-3

项目	技术标准
设计车速	40km/h
设计最大纵坡	5.5%
设计最小纵坡	0.306%
最小平曲线半径	80m
最大平曲线半径	2496.5m
汽车荷载等级	城市 A 级
地震基本烈度	7.0 度，设计基本地震加速度值为 0.10g

1.4 施工条件

1.4.1 地质条件

1.4.1.1 工程地貌

工程所在区域地势是东北高，西南低，呈阶梯状下降，中部沿海低山、丘陵，东部台湾海峡。场区地貌总体属溺谷相海积平原，南、北两岸部分为低山丘陵地貌。工程起点位于福泉高速，其后从广福山东麓经过，该地段地势起伏大，标高在 10～36m，地貌类型为丘陵，局部为山前冲沟；过广福山后为冲积平原地貌，地表高程 5～7m；从福州市仓山区三江路终点（福州第八中学东南 800m）过乌龙江至福州市长乐区营前镇后岐村恒达码头、长营砂厂一线为乌龙江水域段，河道分南北河叉，北侧航道（主河道），河床较为平坦，高程 -8～-10m，南侧河道（已经封航）河床起伏较大，河床高程约在 -1～-16m，两个河叉之间为道庆洲湿地，涨潮时淹没，沙洲高程 3.3～3.8m，其间水道杂乱纵横；线路上长乐岸后走向大致与 S203 省道一致，过岐头村后折向南，上跨沈海高速后至长乐区首站营前体育中心为止，地貌类型为主要为冲、海相积区，高程约在 6～8m，部分为丘陵地貌，地表高程 13～30m。

1.4.1.2 区域地质地貌

覆盖层：场区覆盖层主要为第四系全新统冲、海积（$Q4^{al+m}$）淤泥质土、砂类土、粉质黏土，北岸及水域段覆盖层底部发育卵砾石土；两岸丘陵地段发育有少量坡、残积土。

基岩：南岸及水域段大部为燕山早期（$\gamma^{52(3)c}$）侵入岩，经后期区域动力构造变质而形成的花岗片麻岩及变粒花岗岩；近长乐岸的水域副航道及长乐岸大部为燕山晚期（$\gamma^{52(1)b}$）侵入的黑云母斜长花岗岩、二长花岗岩、花岗闪长岩等。伴有高角度产出、走向接近北东 30°～50° 的辉绿岩、二长岩及花岗斑岩岩脉。

1.4.2 水文条件

1.4.2.1 潮汐性质及潮型

该河段潮型为正规半日潮，由于受山区性河口地形的影响，潮波反射作用强，潮差增大，涨潮历时缩短。闽江口（川石）大潮升 6.21m，小潮升 4.98m，平均海平面 3.53m，平均高潮间隙 10h30min，平均低潮间隙 4h54min。拟建工程区水位除受潮汐影响外，还受闽江水位影响。雨季和台风影响时水位偏高，冬春两季为枯水期。

1.4.2.2 潮位特征值

根据国家海洋局第三海洋研究所 2012 年 7 月《福建省沿海设计潮位研究报告》，白岩潭站原为马尾站、马尾港位于闽江下游，归属福建省水文水资源局，自 1954 年改在位于马尾港对面的白岩潭。根据白岩潭站 2000～2010 年实测资料统计结果分析，潮位特征值见表 1-4（基准面为黄海基准面）。

潮位特征值 表 1-4

最高潮位：4.151m	最低潮位：−2.529m
平均高潮位：2.441m	平均低潮位：−1.319m
最大潮差：5.41m	最小潮差：1.09m
平均潮差：3.76m	平均海平面：0.55m
平均涨潮历时：5h08min	平均退潮历时：7h16min

1.4.2.3 潮流

闽江口因潮沟和岸线的制约影响，涨、落潮流向基本平行于深槽走向，潮流呈现往复流形式。1993 年水口电站大坝截流后，由于水库的调蓄作用，蓄水拦砂、清水下泄，改变了河流天然的水流和泥砂移运规律，大坝下游河床产生冲刷，低水位下跌；再加上人为大量挖采砂，导致潮区界和潮流界大幅持续上提。据 2009 年 9 月实测资料竹岐站（距河口 85.5km），潮差已达 2m，表明闽江河口区潮流界已到达竹岐站以上，比 1973 年上提了 39.5km 以上，工程河段河道非汛期已完全为潮流控制。

1.4.3 气候条件

1.4.3.1 气候

福州地区气候属典型的亚热带海洋性季风气候，寒暖暑凉交替出现，干湿季分明；临海的地理位置使其冬无严寒，夏少酷暑，气候暖热，雨量一般；在季节划分上 3～6 月为春季，7～9 月为夏季，10～11 月为秋季，12～2 月为冬季。

1.4.3.2 气温

根据福州气象站 2001～2016 年资料统计，1 月气温最低，平均为 16.7℃；7 月气温最高，为 34℃；而 6、7、8、9 月的平均气温相差不大，平均在 29℃以上，见表 1-5。

福州 2001～2016 年气象资料表（单位：℃） 表 1-5

月份	1	2	3	4	5	6	7	8	9	10	11	12
平均气温	11.5	11.8	16.8	19.4	23.6	26.2	29.4	28.9	27	23	18.7	14
日均最高气温	15	15.6	19	23	27.3	30.2	34.1	33.1	30	26	22	18.8
日均最低气温	8	8	11	16	19	23	25.2	26	24.1	19	15	10.7

1.4.3.3 湿度

由于常年受到来自海洋的气流影响，项目所在地的湿度相对较大，年平均相对湿度为 75.6%，因主要受海洋性气候影响，全年相对湿度没有明显的季节变化，各月平均相对湿度均在 62% 以上，见表 1-6。

福州气象站 2001～2016 年各月平均相对湿度表（单位：%） 表 1-6

月份	1	2	3	4	5	6	7	8	9	10	11	12	全年
月平均	89	71	75	89	89	78	62	72	88	62	64	70	75.6

1.4.3.4 降水

福州地区年降水量相对丰富，各月均有降水，年平均降水量为 1343.8mm。年降水日数平均为 137.5d。3～9 月为雨季，其间集中了全年 80% 以上的降水量和 60% 以上的降水日。3～6 月的月平均降水量均超过 145mm；10 月至次年 2 月为旱季；12 月的降水量最少，平均为 32mm；10 月和 12 月的降水日最少，平均 7.1d，见表 1-7。

福州气象站 2001～2016 年各月降水量分布表（单位：mm） 表 1-7

月份	1	2	3	4	5	6	7	8	9	10	11	12	全年
平均	48	86.6	145.4	166.4	183	200.9	95.8	169	143	45.6	40	31	1343.8
占年 %	3.4	6.2	10.4	11.9	13.0	15.0	7.1	12.9	10.4	3.4	3.3	2.3	100

福州的降水主要由锋面和热带气旋影响形成，雨季长达 7 个月（3～9 月），而冬季风造成明显的干季（10～次年 2 月）。福州地区年平均降水强度（年降水量／年降水日数）为 15.6mm/d。前汛期（3～4 月）的降水强度为 14.8mm/d，小于年平均降水强度；后汛期（8～9 月）的降水强度为 20.2mm/d，大于年平均降水强度，也即，后汛期的降水强度大于前汛期。旱季（10 月至次年的 2 月）降水强度很小，为 8.3mm/d。

1.4.3.5　台风

福州主导风向为东北风，夏季偏南风为主，7～9月是台风活动期，每年平均台风直接登陆市境有 2 次。

其中，工程区域年平均气温 19.3～20.0℃，春季平均温度 19.5～20.2℃，夏季平均气温基本维持在 27.3～27.9℃左右，气温变率小，秋季平均气温 19.3～20.1℃，冬季平均温度 11.1～11.9℃。年平均相对湿度 75%～81%，年降雨量 1380～1550mm；年降水峰期出现在 3～6 月和 7～9 月；降水季节分布不均，以春季为多雨期。春季降水接近年雨量的一半，占 45%～50%；夏季雨日不多，但雨强大，季雨量占年雨量的 31%～36%；秋、冬季为少雨期，以秋季为甚，两季雨量分别占年雨量的 7%～8% 和 11%～12%。该区多台风影响，台风的影响时间发生在 5 月中旬至 11 月中旬，台风盛行期为 7 月中旬至 9 月下旬，占全年出现次数的 80%，年平均 5.4 次，受台风影响平均风速和极大风均达 12 级，极易形成雷雨。

1.4.4　通航标准

道庆洲大桥跨越乌龙江下游水域（南港航道）和道庆洲南侧炎山水道，跨越了马杭洲锚地，根据福州港总体规划，该锚地现状为待泊锚地，供千吨级船舶锚泊。

1.4.4.1　通航水位

桥区河段航道规划等级为Ⅳ级，依据《内河通航标准》GB 50139—2014 规定，Ⅳ～Ⅴ级航道设计最高通航水位的洪水重现期应为 10 年。桥址处设计最高通航水位采用 10 年一遇洪水位，取 6.31m（罗零）。

1.4.4.2　通航净空

根据《福建省内河航运发展规划》，闽江干流南平延福门经福州南港至马尾罗星塔航段规划为Ⅳ级航道，通航 2×500t 级顶推船队。道庆洲大桥通航净空尺寸为 170m×21.15m。

2 结构设计

道庆洲大桥从小里程至大里程方向（仓山至长乐方向）共分为9联，分别为84m+84m+（120+276+120）m+7×84m+7×84m+2×84m+84m+73m+73m。

跨江大桥全长2268.5m，其中跨江主桥为（120+276+120）m变高度连续钢桁结合梁桥。引桥为标准跨径84m和73m等高度钢桁结合梁桥。仓山侧跨江引桥（北引桥）共2孔，位于平曲线上，采用简支钢桁梁。长乐侧跨江引桥（南引桥）共19孔，其中14孔位于平直线上，其余5孔位于平曲线上。长乐侧跨江引桥（南引桥）平直线段采用7孔一联连续钢桁梁，共2联；平曲线段采用2孔一联连续钢桁梁和两联简支钢桁梁。

跨江大桥共设置4处轨道伸缩调节器，均位于长联钢桁梁交界处。

2.1 跨江主桥及引桥工程

跨江大桥又分跨江主桥和八联跨江引桥，跨江主桥采用的是主跨（121+276+121）m的变高度钢桁结合梁，是国内跨径最大的钢桁结合连续梁桥，也是国内首创的双层变高度钢桁结合梁桥。

2.1.1 上部结构

2.1.1.1 跨江主桥

主桥采用主跨276m的变高度预应力钢桁结合梁，跨径为121+276+121=518（m），上层公路桥面宽31m，下层为双线福州地铁六号线。主桁横断面为2片主桁，桁宽15m，跨中标准桁高9.5m，节间长度12m，采用无竖杆的三角形桁式；主墩处主桁桁高通过5个节间逐渐加高为23m。主梁在主墩及边墩处均设置支座如图2-1、图2-2所示。

上层公路桥面系采用密横梁+混凝土板结合梁体系，预制混凝土板支承在钢横梁上，采用剪力钉将钢横梁的上翼缘与混凝土板连接，形成结合梁，桥面宽31m。

公路钢横梁间距为3.0m，采用工字形截面，钢横梁顶面齐平，横向设置2.0%横坡，弦杆与横梁上、下翼缘板分别采用焊接和拴接。混凝土桥面板根据板厚可分为28cm、22cm两种，混凝土桥面板采用C60混凝土，现浇部分采用微膨胀混凝土。混凝土桥面板在钢梁支撑处边缘设置厚3cm厚的橡胶止浆垫片，以防止现浇混凝土浆外溢。为了控制中支点处上弦预制混凝土桥面板的裂缝，在公路预制混凝土桥面板中配置了体内预应力束，体内索有12-φs15.2、15-φs15.2两种规格，体内预应力筋横向布置间距250mm，分五批次下弯锚固。体内预应力索采用塑料波纹管，并采用真空压浆，如图2-3所示。

图 2-1 主桥航拍图

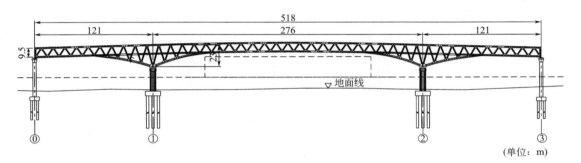

图 2-2 主桥立面布置图

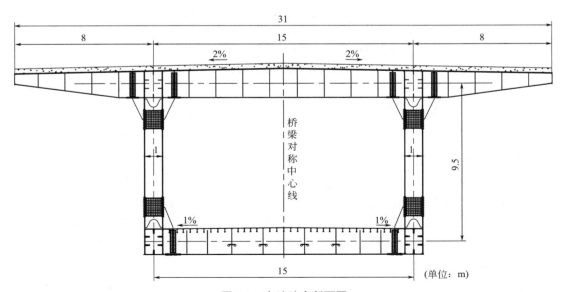

图 2-3 主跨跨中断面图

下层地铁桥面系采用纵横梁＋钢正交异性板整体桥面体系。桥面板厚 16mm，下设纵向板式加劲肋，在单个 12.0m 节间范围内，设置 1 道节点横梁和 3 道节间横肋，间距为 3.0m；并对应轨道设置 4 道纵梁，纵梁距离为 1.8m。

主桁上、下弦杆均采用矩形截面，在主墩变高区域为满足结构受力要求，截面高度由 1.5m 高增至 1.8m 高。为提高主桥刚度及增加抗船撞能力，在主桥主墩处采用双重钢混组合技术，即上层公路桥面采用结合梁方案，下层变高度弦杆之间也浇筑钢筋混凝土以形成钢混组合结构，如图 2-4 所示。

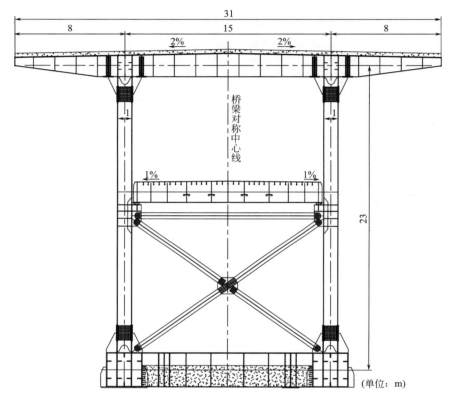

图 2-4　主桥支点断面

2.1.1.2　跨江引桥工程

跨江引桥第一～第八联均采用与主桥风格一致的钢桁结合梁，除了第三、第四联位于直线上，其余六联均位于平曲线上。引桥主桁横断面均为 2 片主桁，桁宽 15m，跨中标准桁高 9.5m，节间长度 12m，采用无竖杆的三角形桁式。上层公路桥面系均采用密横梁＋混凝土板结合梁体系，预制混凝土板支承在钢横梁上，采用剪力钉将钢横梁的上翼缘与混凝土板连接，形成结合梁。公路钢横梁间距为 3.0m，预制混凝土桥面板厚 22cm，材料为 C50 混凝土。下层地铁桥面系采用纵横梁＋钢正交异性板整体桥面体系，桥面板厚 16mm，下设纵向板式加劲肋，见表 2-1。

跨江引桥工程上部结构概述　　　　　　　表 2-1

工程部位	工程概述
第一联	85m 简支钢桁结合梁，公路桥面宽度从 43.7m 变至 47.1m，桁宽为 27m，桁高 9.4m。由于桁宽的加宽，在单个 12.0m 节间范围内，需要设置 3 道节点横梁，以满足横向受力要求
第二联	85m 简支钢桁结合梁，公路桥面宽度从 31m 变至 43.7m，桁宽从 15.03m 变至 26.98m，桁高 9.4m。由于桁宽的加宽，在单个 12.0m 节间范围内，需要设置 3 道节点横梁，以满足横向受力要求
第三、第四联	7m×84m 多孔长联钢桁结合梁，公路桥面宽度 31m，桁宽 15m，桁高 9.5m。采用顶落梁措施对支点附近桥面板施加预压应力
第五联	2m×84m 的连续钢桁结合梁，公路桥面宽度 31m，桁宽 15m，桁高 9.5m。采用顶落梁措施对支点附近桥面板施加预压应力
第六联	84m 简支钢桁梁，公路桥面宽度 31m，桁宽 15m，桁高 9.5m
第七联	73m 简支钢桁结合梁，公路桥面宽度从 34m 变至 45.48m，桁宽从 15.03m 变至 26.91m，桁高 9.4m
第八联	73m 简支钢桁结合梁，公路桥面宽度从 45.46m 变至 47.03m，桁宽从 15.03m 变至 26.91m，桁高 9.4m

1. 标准段钢桁梁

钢桁梁跨度布置为：0.7+7×84+0.7=589.4（m），上层为 6 车道公路 +2 侧人群和非机动车道，下层为两线地铁。上层桥面采用密横梁结构，组合梁结构；下层为"纵横梁 + 正交异性板整体钢桥面"。桥梁横断面采用 2 片主桁，不设置横向联结系，主桁中心距 15m，公路挑臂横梁长 8m，公路面全宽 31m，如图 2-5、图 2-6 所示。

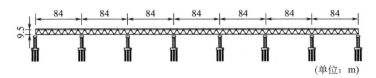

（单位：m）

图 2-5　引桥标准段立面布置图

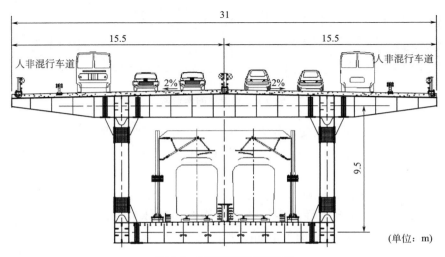

（单位：m）

图 2-6　引桥标准段横断面

标准段钢桁梁均采用 Q345qD 钢材，公路桥面板采用 C50 混凝土，桥面板钢筋采用 HRB400 钢筋，桩基采用 C35 混凝土，承台采用 C35 混凝土，桥墩采用 C40 混凝土。

主桁采用无竖杆的三角形桁架，节间长度 12m，桁高 9.5m。上、下弦杆均采用箱形截面，腹杆采用箱形截面或 H 形截面。主桁节点采用焊接整体节点，节点外拼接。上弦杆高 1.56m，下弦杆高 1.46m，内宽均为 1.0m。上、下弦杆内侧均设置板式加劲肋，腹杆不设置加劲肋。节段间弦杆采用栓焊结合联接，腹杆采用拴接，如图 2-7 所示。

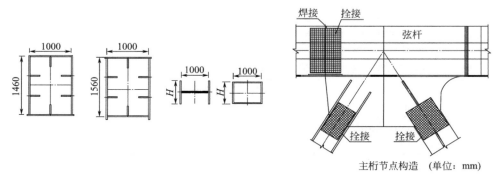

图 2-7　主桁截面

2. 折线钢桁梁

桥梁所在线路立面纵坡 0.3%，平面线路左线线型为 R=1003.9m 的平曲线，右线线型为 R=1008.1 的平曲线。

桥梁跨度布置为：（0.95+83.8+83.8+1.09）m=169.64m 两跨布置。为适应线路平曲线变化，在中墩处主桁平面折角为 177.617°。

公路和轨道交通采用分层布置方案，上层桥面采用 6 车道公路和两侧非机动车道，下层为双线轻轨，如图 2-8、图 2-9 所示。

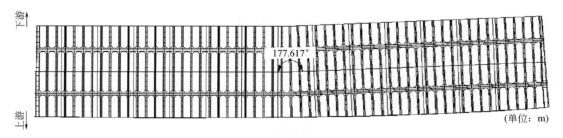

图 2-8　桥梁平面布置图

由于折线钢桁梁，折点处受力较大，钢桁梁主桁在中墩附近各 1 个节间采用 Q420qE 钢材，其余主桁采用 Q345qD 钢材。公路桥面板采用 C50 混凝土，桥面板钢筋采用 HRB400 钢筋。

主桁采用三角形桁架，标准节间长度 12m，桁高 9.5m。上、下弦杆均采用箱形截面，腹杆采用箱形截面或 H 形截面。主桁节点采用焊接整体节点，节点外拼接。上弦杆高 1.56m，下弦杆高 1.46m，内宽均为 1.0m，如图 2-10 所示。

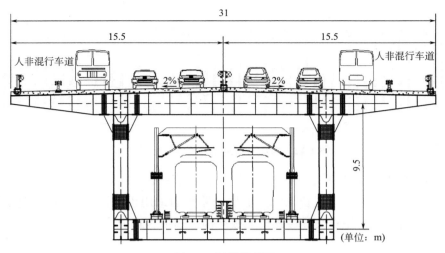

图 2-9　桥梁横断面

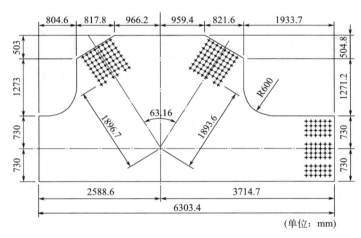

图 2-10　主桁弯折处节点板构造

3. 曲线钢桁梁

跨江大桥两端部分位于半径 1000m 的平曲线上，同时两岸接线存在匝道互通，公路桥面需加宽处理。为适应线路平曲线及公路桥面加宽的要求，保持跨江大桥景观的协调统一性，跨江引桥曲线及变宽部分钢桁梁采用变宽桁和折线桁布置。

跨江引桥第二、第七联采用变宽

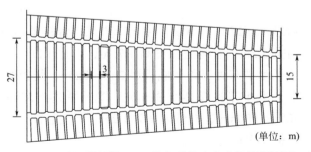

图 2-11　跨江引桥第二、第七联简支变宽钢桁梁平面

钢桁梁，桁宽由 15m 变化到 27m，如图 2-11 所示。跨江引桥第五联为两跨连续钢桁梁，采用折线钢桁梁，桁宽 15m，在中墩处主桁平面折角为 177.617°，如图 2-12 所示。公路桥面与主桥桥面结构一致，采用"密横梁＋混凝土板"结构；铁路桥面系采用"密横梁＋正交异性板"结构。

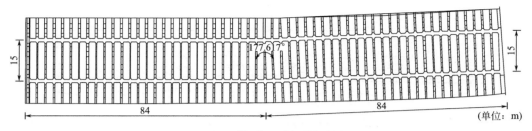

图 2-12 跨江引桥第五联折线钢桁梁平面

道庆洲大桥引桥第 7 联为跨度 73m 的双层公轨两用简支变宽钢桁梁，主桁采用三角桁架，桁高 9.47m，标准节间长 12m。上层公路桥面采用钢筋混凝土板与密横梁结合体系，下层铁路桥面系采用正交异性钢桥面板结构，如图 2-13 所示。

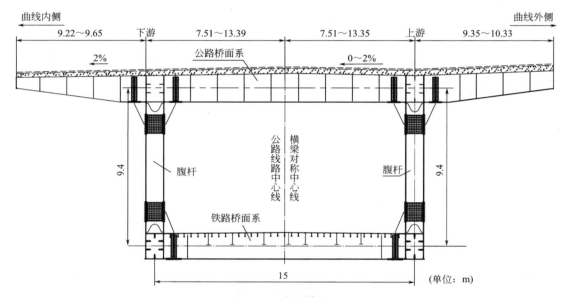

图 2-13 主梁横断面

弦杆设计时考虑与混凝土的共同作用，上、下弦杆均采用箱形截面。主桁腹杆采用箱形截面或 H 形截面。主桁节点采用焊接整体节点，节点外拼接。左侧上弦杆高 1.56m、内宽 1.2m，右侧上弦杆高 1.71m、内宽 1.2m；左侧上弦杆顶板设 2% 横坡，右侧上弦杆顶板水平布置，顶、底板厚 24~48mm；竖板厚 24~40m；下弦杆高 1.46m、内宽 1.2m，上、下水平板厚 24~32mm，竖板厚 24~32mm；斜杆采用箱形、H 形截面，杆件高 700~1000mm，杆件内宽为 1.2m，梁端竖杆采用 H 形，杆件翼缘宽为 800mm。节段间顶、底板及腹板均采用拴接。

2.1.2 下部结构

2.1.2.1 桥墩

2 号墩：为通航孔主桥的主墩，3 号墩为通航孔主桥的边墩，2 号墩其桥墩结构形式相同，横向均为实体板式墩。桥墩为"圆端型"，基本尺寸为5.5m×21.8m，桥墩为实体截面；墩顶设矩形帽梁，平面尺寸为7m×26m，高度4.8m。

3号墩：其桥墩结构形式相同，上半部桥墩横向均为"n"字形框架墩，下半部采用圆端型实体桥墩，单个桥墩为"马蹄形"，基本尺寸为5m×5m，桥墩为实体截面；墩顶设矩形帽梁，平面尺寸为6.5m×21.5m，高度4.3m。

S1号～S17号桥墩：其桥墩结构形式相同，横向均为"n"字形框架墩。单个桥墩为"马蹄形"，基本尺寸为5m×5m，桥墩为实体截面；墩顶设矩形帽梁，平面尺寸为6.5m×21.5m，高度4.3m。

S18号桥墩：由于桥墩位于桥面变宽段，桥墩横向为拉伸的"n"字形框架墩。单个桥墩为"马蹄形"，基本尺寸为5m×5m，桥墩为实体截面；墩顶设矩形帽梁，平面尺寸为6.5×33.5m，高度4.3m；承台为分离式，单个承台平面尺寸9.5m×14m，承台厚4.0m，两承台之间设置系梁联接，系梁宽度7m，高度4m。

S19号桥墩：为跨江大桥与接线桥梁的交接墩，为支撑公路接线桥梁，在墩顶布置了两个公路框架墩。公路框架墩采用"门"形框架墩，采用钢筋混凝土结构。下层桥墩为横向拉伸的"n"字形框架墩。单个桥墩为"马蹄形"，基本尺寸为5m×5m，桥墩为实体截面；墩顶设矩形帽梁，平面尺寸为6.5m×35m，高度3.5m；承台为分离式，单个承台平面尺寸为14m×14m，承台厚4.0m，两承台之间设置系梁联接，系梁宽度7m，高度4m。

2.1.2.2 承台、桩基

2号桥墩基础：均采用12根ϕ2.8m钻孔灌注桩；承台平面尺寸为17m×25m，承台厚5.5m，均采用钢筋混凝土结构。

3号桥墩基础：均采用12根ϕ2.5m钻孔灌注桩；承台平面尺寸为15m×24.5m，承台厚4.0m，均采用钢筋混凝土结构。

S1号～S17号桥墩承台：平面尺寸为14m×24.5m，承台厚4.0m。桥墩基础均为钻孔灌注桩，规格有ϕ2.0m、ϕ2.2m两种，均采用钢筋混凝土结构。

S18号桥墩承台：为分离式，单个承台平面尺寸为9.5m×14m，承台厚4.0m，两承台之间设置系梁联接，系梁宽度7m，高度4m。桥墩基础采用12根ϕ2.2m钻孔灌注桩，采用钢筋混凝土结构。

S19号桥墩承台为分离式，单个承台平面尺寸为14m×14m，承台厚4.0m，两承台之间设置系梁联接，系梁宽度7m，高度4m。桥墩基础采用12根ϕ2.2m钻孔灌注桩。

2.2 南接线工程

该标段包含南岸主线桥1365.5m；A匝道桥长614.998m；B匝道桥长742.782m；C匝道桥长240m。

2.2.1 上部结构

南接线桥全长约1365.5m，分上下两层。

上层公路梁共设 10 联，为等高现浇连续箱梁，标准段梁宽 25m，采用单箱三室，梁高 2.3m，顶、底板厚度为 28cm、26cm，翼板厚度 20～70cm，翼板宽均为 3.5m，中横梁宽 2.5m，端横梁宽 1.8m。

下层轨道梁均为预应力简支箱梁，采用单箱单室，底板厚度为 28cm、26cm，翼板厚度 20～50cm，翼板宽均为 2.2m，梁宽 9.8m 和 10m，下部结构与公路桥梁公用桥墩。

2.2.2 下部结构

2.2.2.1 桥墩

南接线桥陆地桥墩共有 65 个（桥墩 81 个），分别为南岸接线主桥陆地桥墩共有 31（桥墩 36 个）个，A 匝道陆地桥墩 10（桥墩 16 个）个，B 匝道陆地桥墩 15（桥墩 19 个），C 匝道桥墩 9 个（桥墩 10 个），桥墩最大高度为 31.738m，最小高度为 2.429m。A、B、C 匝道与路面连接处分别有一个桥台。

南岸接线主线桥 SR1 号墩～SR13 号墩、SR15 号墩～SR16 号墩为公轨两用 H 形墩；SR14 号墩为公路二柱 - 与地铁并置型墩；SR17 号墩～SR36 号墩为公轨两用 Y 形墩，南岸接线桥 A、B、C 匝道桥墩为板式花瓶墩。

2.2.2.2 承台、桩基

承台尺寸主要有 10.4m×16.5m×3m、9.4m×9.4m×3m、9.4m×4.1m×3m、14.5m×13.7m×3m 和 6.3m×6.3m×2m。

陆域桩基共有 317 根，分别为南岸接线主桥陆域桩基共有 188 根，A 匝道陆域桩基 40 根，B 匝道陆域桩基 56 根，C 匝道陆域桩基 33 根。桩径尺寸主要有 2.5m、1.2m 和 1.8m。

2.3 桥面系及附属结构

2.3.1 跨江主桥及引桥

2.3.1.1 公路桥面

公路梁桥面系及附属工程包括桥面铺装（钢筋混凝土调平层＋沥青防水涂料层）、桥面排水、防撞护栏、伸缩缝、路灯照明设施、防雷接地、CCTV 监控配套设施等，见表 2-2。

公路桥面附属 表 2-2

项目	项目概述
支座垫石	支座均采用双曲面减隔震球型钢支座系列，支座垫石采用 C50 混凝土
挡块	防落梁挡块均在桥墩上支座两侧设置混凝土挡块

项目	项目概述
公路伸缩缝	公路桥面伸缩缝规格有 D960mm、D800mm、D640mm、D240mm 四种。采用 D960mm 伸缩缝的有 3 号墩、S7 号墩，采用 D800mm 伸缩缝的有 S17 号墩，采用 D640mm 伸缩缝的有 S19 号墩，采用 D240mm 伸缩缝的有：S16 号墩～S18 号墩
桥面铺装	公路混凝土桥面板铺装采用沥青混凝土铺装，铺装结构总厚度 70mm。结构组成为：10mm 高粘应力吸收粘结层 +60mm 高粘改性沥青混凝土（SMA-16）。在施工沥青混凝土铺装前需要对混凝土桥面板抛丸打毛，形成干燥、洁净、粗糙的界面
公路桥面排水	跨江大桥采用集中排水，沿顺桥向设置纵向 U 形排水槽，排水槽尺寸为 0.3m×0.35m。U 形排水槽主要收集桥面的污水或者突发情况桥面泄漏的污染液体，桥面污水经集中收集后，接入城市排水系统。对于暴雨情况，U 形排水槽可以将降雨初期的桥面污水集中排走，后续较干净的桥面雨水将由开口的 U 形槽直接排入江中
防撞护栏	公路桥面防撞栏杆采用立柱式防撞栏杆，防撞等级 SA 级。基座混凝土与桥面板混凝土相同，钢立柱及横梁采用 Q345D
检查检修	上层公路桥面系不设置检查小车，通过桁架式检查车进行上层公路桥面的检查和维修。下层地铁桥面系设置检查小车及行走轨道，检查小车置于钢桁梁底部，以满足下层钢桁梁的日常检查维修的需要

2.3.1.2 铁路桥面

地铁桥面附属预埋件主要有：整体道床限位预埋件、接触网立柱及拉线基础预埋件、电力电缆支架、通信支架等，见表 2-3。

铁路桥面附属 表 2-3

项目	项目概述
轨道	地铁六号线公轨共建段跨江大桥采用隔振垫整体道床，道床高度 560mm，需要在地铁钢桥面上预埋钢限位支座。平曲线段单线轨道重量不超过 29kN/m
钢轨调节器	0 号、3 号、S7 号、S14 号墩处需要设置钢轨伸缩调节器
其他相关预埋件	地铁桥面相关的预埋件如电力电缆支架、通信支架预埋件

2.3.2 南接线工程

2.3.2.1 公路桥面

公路附属结构包括：公路桥面布置图、支座及垫石、防落梁挡块、公路伸缩缝、公路桥面铺装、公路桥面排水、防撞护栏等，见表 2-4。

公路桥面附属一览表 表 2-4

项目	项目概述
支座及垫石	支座均采用 JQZ（Ⅲ）球型钢支座系列，支座垫石采用 C40 混凝土
挡块	防落梁挡块均在桥墩上支座两侧设置混凝土挡块
公路伸缩缝	公路桥面伸缩缝规格有 D80mm、D160mm、D240mm 三种。采用单元式多向变位梳形板桥梁伸缩装置

项目	项目概述
公路桥面铺装	桥面铺装面层采用与道路面层一致材料的沥青混凝土，厚度 9cm，具体为 4cm 改性沥青玛蹄脂碎石 SMA-13+ 5cm 中粒式改性沥青混凝土 AC-20C
公路桥面防水	桥面防水层：防水层采用防水涂料，防水涂料采用聚合物改性沥青 [PB（Ⅰ）]，防水层涂刷在 8cm 的 C50 钢筋混凝土铺装层上方，要求达到Ⅰ级防水，防水层使用年限不小于 15 年；C50 混凝土铺装调平层最小厚度不小于 6cm，抗渗等级不小于 S6，钢筋网按设计图纸设置；聚合物改性沥青防水涂料中间设胎体增强材料，胎体增强材料小马的涂料厚度不应小于 0.5mm，且不大于 1mm；防水基层处理剂必须采用两层无溶剂的双组分环氧树脂涂层，每层用量 500g/m²，环氧树脂涂层有粘结功能，能够与调平层混凝土能牢固附着，粘结一体形成刚性防水涂料，防水涂料与调平层粘结强度应大于 3.5MPa
防撞栏杆	公路桥面防撞栏杆采用带花槽的混凝土防撞栏杆，防撞等级 SA 级。护栏钢筋应注意在梁体施工时及时预埋

2.3.2.2 轨道桥面

地铁桥面附属包含轨道板以及轨道伸缩调节器，具体包含：整体道床限位预埋件、接触网立柱及拉线基础预埋件、电力电缆支架、通信支架等。

地铁六号线公轨共建段引桥，道床高度 520mm，SR1~S19 孔由 520mm 渐变到 650mm。

3 施工方案

3.1 总体施工方案

3.1.1 概述

项目场地布置以租用后岐村民房为办公驻地,福州市长乐区营前街道后岐村荣丰仓储地块为钢筋加工厂,洞头村沈海高速与营融线交口处西北角为拌合厂站,融通码头及附近场地为钢桁梁存梁区,拟建的 A、B、C 匝道场地作为预制板预制场及临时存放区。

跨江主桥工程(2 号主墩)、跨江引桥工程(3 号墩～S19 号墩)和南接线引桥裸岩区段(SR1 号墩～SR5 号墩)基础施工先利用栈桥搭设桩基钻孔施工平台,桩基施工完成后采用围堰进行承台施工的总体方案。其中,跨江主桥 2 号墩承台、跨江引桥 3 号墩承台均采用双壁钢套箱围堰施工,跨江引桥 S1 号墩～S16 号墩承台采用钢板桩围堰施工,跨江引桥 S17 号墩～S19 号墩承台以及南接线工程水上裸岩区段 SR1 号墩～SR5 号墩承台采用双壁钢吊箱围堰施工;南接线工程陆上承台(SR6 号墩～SR36 号墩)采用垂直开挖或放坡开挖后施作侧墙、封底的施工方法。跨江主桥及引桥墩身、南接线工程墩身均采用翻模法施工。

跨江桥段上部结构主要为钢桁梁＋预制桥面板结构,钢桁梁采用临时支墩辅助悬臂法、满堂支架法和桥面吊机悬拼法施工,预制桥面板采用桥面吊机依次吊装、安装,最后同步顶升、起落梁。即墩间搭设临时支墩,履带吊拼装首段钢桁梁,在拼装好后的钢桁梁上依次组装架设架桥机对称悬臂拼装,完成钢梁施工后,拆除临时支墩,再利用桥面吊机吊装、安装预制混凝土桥面板,施工湿接缝达到设计要求后,同步、缓慢起落钢梁至设计高程。南接线桥上、下层混凝土箱梁均采用支架现浇法施工。

3.1.2 跨江主桥工程

道庆洲大桥工程 A2 标段工程内容包含跨江主桥 2 号墩和 3 号墩,本节介绍跨江主桥 2 号墩的总体施工方案。跨江主桥 3 号墩与 2 号墩下部结构一致。

2 号墩基础采用 2 台 KTY4000 气举反循环专辑,6 阶段跳孔钻孔桩基施工。桩基施工完成后拆除钻孔钢平台,河床清理找平,割除钢护筒至设计标高(−5.0m),驳船运输第一节围堰(15m)就位,浮吊起吊下放,刃脚入水约 13.3m 自浮稳定后,驳船运输第二节围堰(7m),浮吊起吊下放第二节围堰,精确对接后焊接拼装,拼接完成后吸泥下放至设计标高,封底施工完成后围堰抽水完成承台施工。

2 号主墩墩高 15m，采用墩身翻模法施工，模板采用型钢模板，分 3 次浇筑，即第一次浇筑高度为 5m，第二次浇筑高度为 6m，第三次浇筑高度为 4m。第三节墩身浇筑与墩帽同时浇筑，墩帽采用钢管支架支立底模。

3.1.3 跨江引桥工程

3.1.3.1 下部结构

3 号墩～S19 号墩为跨江引桥段，墩位位于水中，基础施工采用先栈桥、钻孔平台后围堰的方法施工，即先利用原有栈桥搭设桩基钻孔平台，平台搭设完毕后采用冲击钻机成孔，桩基施工完成后割除钢护筒，施作围堰结构，依次进行承台、墩身施工。其中，3 号边墩、S17 号墩采用整体钢吊箱围堰进行承台施工，S18 号墩采用两节段（9m+6.5m）双壁吊箱围堰进行承台施工，S1 号墩～S16 号墩采用钢板桩围堰进行承台施工。

3 号墩～S19 号墩墩身均采用翻模法施工，其中 3 号边墩墩身分 4 次浇筑，即按 6m 节段浇筑 3 次，8m 节段浇筑 1 次；其余墩柱墩身按 4m 标准节段浇筑。

3.1.3.2 上部结构

上部结构主要为钢桁梁＋预制桥面板结构，钢桁梁采用临时支墩辅助悬臂法、满堂支架法和桥面吊机悬拼法施工，预制桥面板采用桥面吊机依次吊装、安装，最后同步顶升、起落梁。即墩间搭设临时支墩，履带吊拼装首段钢桁梁，在拼装好后的钢桁梁上依次组装架设架桥机对称悬臂拼装，完成钢梁施工后，拆除临时支墩，再利用桥面吊机吊装、安装预制混凝土桥面板，施工湿接缝达到设计要求后，同步、缓慢起落钢梁至设计高程。

3.1.4 南接线工程

3.1.4.1 下部结构

南接线水上裸岩区（SR1 号墩～SR5 号墩）基础位于水中，该区基础施工采用先栈桥、钻孔平台后围堰施工。该区桩基成孔采用"冲击钻＋潜孔钻""大护筒＋小护筒"双护筒的施工方法，承台采用双壁钢吊箱围堰施工。

南接线陆上基础（SR6 号墩～SR36 号墩）按陆地组织施工，采用冲击钻成孔。承台开挖主要有垂直开挖、放坡开挖以及垂直开挖加放坡开挖的方式，承台挡水围堰结构主要采用混凝土封底＋侧墙的形式。

南接线工程（SR1 号墩～SR36 号墩）墩身结构形式主要分为 H 形墩和 Y 形墩，墩身采用翻模法、劲性骨架、型钢＋钢管组合支架以及汽车吊辅助施工，墩身分节段浇筑，墩身施工标准节段高度有 6m/8m，墩身系梁、盖梁采用钢管支架支模同所处墩身节段同时浇筑施工。

3.1.4.2 上部结构

南接线工程上部结构主要分为上层公路桥面多联多跨现浇箱梁，下层轨道桥面单跨简支箱梁。多联多跨现浇箱梁、简支箱梁均采用钢管落地支架现浇施工。

3.2 钢栈桥工程

3.2.1 概述

为辅助工程施工，设计出采用钢管桩及贝雷梁组合体系的千米级钢栈桥结构。钢栈桥全长 1936m，面宽 9m，在重型特种车辆行驶及吊装作业下，栈桥结构需保证足够的强度、刚度、稳定性及耐久性要求。

3.2.1.1 总体布置

钢栈桥包括主桥 2 号与 3 号墩为区段和引桥 S1 号～S19 号位区段的施工，分为主栈桥和支栈桥两种。主栈桥总长 1936m，面宽 9.0m，单孔跨径 12.0m，与墩台静距为 5.0m，用于桥梁施工所需混凝土、钢筋等材料运输。支栈桥主要为承台、墩柱施工提供作业空间，满足钢筋、模板吊装，混凝土灌注等需求，如图 3-1～图 3-3 所示。

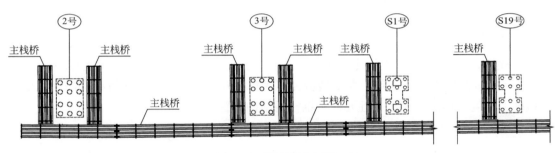

图 3-1 钢栈桥总体布置示意

图 3-2 钢栈桥工程鸟瞰图

图 3-3　钢栈桥现场布置图

3.2.1.2　结构设计

钢栈桥设计采用钢管桩及贝雷梁组合体系，按双向行车道设计，桥面宽 9.0m，全长 1936m。栈桥使用周期为 5 年，在重型特种车辆行驶及吊装作业时，栈桥结构需保证足够的强度、刚度、稳定性及耐久性要求。钢栈桥结构布置如图 3-4 所示。

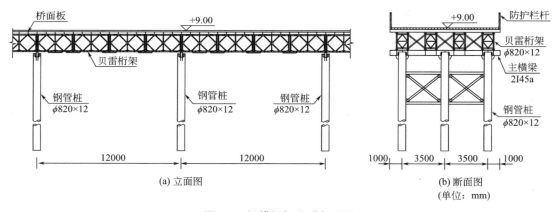

图 3-4　钢栈桥标准联断面图

（1）平纵设计

钢栈桥全长范围按平坡设计，桥面设计高程为 +9.0m，单跨跨径为 12.0m，为 6 跨一联的连续梁结构体系，共 27 联，轴线距主桥中心线 23.0m。栈桥与钻孔桩施工平台连成整体，以提高其结构的横向刚度从而增加结构的整体稳定性。

（2）基础设计

栈桥基础采用 ϕ820mm×12mm 钢管桩，桩长根据不同的地质条件、冲刷深度选择。

栈桥基础按照功能可分为普通墩和制动墩，普通墩采用单排 3 根钢管的排架结构，制动墩采用双排 6 根钢管的组合结构，保证每联栈桥的纵向刚度。

（3）钢管桩横联设计

主横梁位支承贝雷纵梁的横向承重梁，采用 2I45a 型钢，置于割槽处理后的钢管桩顶部，并焊接加劲肋以提高其局部稳定性。钢管桩间平联采用 2[20a 槽钢，斜撑采用 [18a 槽钢，呈剪刀形布置。

（4）栈桥主梁设计

纵向主梁选用 321 型贝雷桁架结构，共 8 榀。标准间距的贝雷桁架间采用花架横向固定，非标准间距的贝雷桁架间采用花架横向固定，单片 [10 槽钢剪刀撑连接，提高贝雷桁架整体稳定性。

（5）桥面系设计

贝雷桁架上横向分配梁选用 I25a 型钢，横向间距为 75cm，单根长 9.0m。横向分配梁水上的纵向分配梁选用 I12.6 型钢，横向间距为 25cm。行车面板为 10mm 厚花纹钢板。桥面护栏高 1.2m，竖杆选用 $\phi48mm$ 钢管，每 1.8m 设置一道，焊接在桥面系横梁上，水平横联用 ∠ 50mm×50mm×5mm 角钢。为满足电力和水管敷设要求，栈桥一侧采用 [10 槽钢焊接牛腿，悬挑宽度为 50cm。

3.2.1.3　技术参数

桥位布置形式为：栈桥布置在新建桥梁上游（即主线路线右侧），该桥最低潮水位 1.1m，最高的潮水位 5.5m，十年一遇高水位 6.31m，考虑极端情况下风暴潮的影响。贝雷梁梁底标高高于高潮位 0.8m 以上，结合现场实际情况桥面标高取 9.00m。根据用电需求，在该工程水上共设置 6 座变压器，分别位于 S1 号、S6 号、S9 号、S11 号、S18 号、SR3 号墩位处。

钢栈桥起点桩号 K3+580，终点桩号 K1+644，栈桥全长 1936m，不允许通航；

桥面宽度：主、支栈桥面宽 9m；

桥跨布置：9m、12m；

设计荷载：（9m 宽栈桥）50t 混凝土罐车 1 辆、80t 履带式起重机施工、100t 履带式起重机（行走）、150t 履带式起重机（S14～岸上）行走；

设计使用年限：3 年；

平均水平面：2.73m，栈桥面标高：+9.00m；

钢栈桥宽度设置应满足各种施工车辆行走和错车的要求；

钢栈桥钢管桩设计冲刷深度 7m。

3.2.2　施工安排

栈桥施工安排 3 个施工队，分别为 2 号～S7 号、S7 号～S16 号、S16 号～南岸 SR5 号工作面。分别负责管桩焊接、桁架拼装及近水岸、主墩侧前场施工。管桩焊接、分配梁加工、贝雷片拼装、支撑下料等项目在后场完成，前场主要负责打桩、焊剪刀撑、I56a 钢横梁、贝雷梁及桥面系工作。运输车辆将后场焊接、拼装好的材料拉到前场以供前场安装就位。

栈桥施工时从两端同步采用钓鱼法推进并合龙。2 号墩、S16 号墩水上先采用浮吊施工三跨，再上履带式起重机施工。履带式起重机提振拔锤插打管桩，管桩顶调节到位后，焊接横梁，在桥头侧拼装贝雷桁架片，用起重机直接提就位，上铺桥面系。起重机上桥，提振动锤插打下一排桩，按前述施工工艺逐孔安装。

3.2.3　施工方法

3.2.3.1　钢管桩施工

钢栈桥第二跨位置采用条形基础；第三跨至第六跨采用冲孔灌注桩施工工艺；第七跨至第十八跨采用嵌岩植桩施工工艺；其余位置采用常规施工工艺。

1. 抛石区钢管桩施工

抛石区位置块石较大，钢管桩难以下沉。因此采用冲孔灌注桩施工方案；钢栈桥的钢管桩基础采用 820mm 直径钢管桩，主栈桥钢管桩间距为 3.5m，钢管桩之间采用双拼槽钢平联，主要设计 S3 跨～S6 跨，如图 3-5 所示。

图 3-5　抛石区栈桥施工

2. 裸岩区钢管桩施工

钢栈桥跨越长约 200m 的裸岩区域，地质为硬度较高的花岗岩，压面倾斜。为保证钢管桩在深水裸岩区域的稳定性，通过在岩层顶部植入锚杆，钢管桩中灌注混凝土，使钢管桩锚固在岩层中。施工时先打设钢管，吸出钢管桩内淤泥，再浇筑混凝土，强度达到要求后在每个钢管桩内用地质钻机钻出 $\phi17cm$ 孔 3 个，下放 $\angle 100mm \times 12mm$ 角钢，孔内注浆，最后，拔出钻机套管。该技术有效解决了浅覆盖层栈桥钢管桩入岩困难，稳定性不足的问题，确保栈桥整体结构安全可靠，如图 3-6 所示。

3. 深覆盖层区钢管桩施工

沙洲区域覆盖层厚度 17～63m，以淤泥质土、中砂及黏性土为主，钢管桩平均入土深度 20m。栈桥钢管桩采用钓鱼法施工，由 85t 履带式起重机配合 DZ90 型振动锤振动沉桩，由岸边开始逐孔向前推进施工，逐排振动下沉。

针对钢管柱定位时，首先采用全站仪和经纬仪交汇法进行水上定位，然后利用悬臂定位导向架进行粗定位导向，再利用导向架上的微调系统完成钢管桩的精确定位。通过此定位架系统可以将水上定位转变为陆上定位，避免由于潮水的涨落对定位的影响。

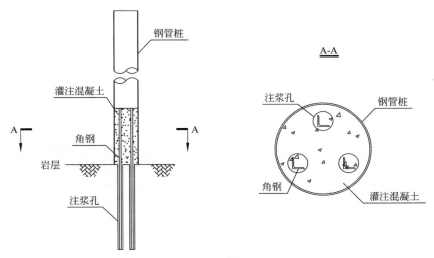

图 3-6　裸岩区钢管桩锚固示意

底节钢管桩吊至设计桩位后，再钢管桩自重作用下沉入土。垂直度符合要求后，利用振动锤开始振动沉桩。单根桩节按起吊高度和重量控制最长为 25m，每根桩分为 2 节，底节钢管桩入土至导向架施工平台上 0.5m 高度时，移去振动锤进行接桩，直至将桩打到设计深度。

3.2.3.2　桩顶处理

每完成一根钢管沉桩后，按设计要求确定桩顶标高，将钢管桩找平，对高出标高部分用氧焊割除，低于标高的桩按实际长度进行接长至桩顶标高。

桩顶焊接 820mm×820mm×10mm 正方形钢板，四周焊接 6 块三角形钢板耳板，以加强顶板的强度。双拼 I56a 与钢板正中焊接牢固。

3.2.3.3　焊接斜撑及平撑

按钢栈桥施工图在钢管桩身焊接斜撑及平撑，使得每孔之间形成剪刀撑形式。

3.2.3.4　工字钢横梁安装

桩顶处理完后，将工字钢横梁用吊车吊放至钢管桩桩顶，横梁根据设计放置在钢管桩中心位置并调整水平，检查合格后焊接，如图 3-7 所示。

3.2.3.5　安装贝雷梁纵梁

贝雷梁进行预拼装。当第一跨钢管桩打设完毕安装剪刀撑后，采用 80t 履带式起重机架设贝雷梁；安装销子时在销子周围涂油脂，以防雨水进入销孔缝隙内，一切螺栓显露的丝扣也要涂油脂以防生锈。

横梁安装完毕后安装贝雷梁纵梁，纵横梁相交部位采用 10 号槽钢焊成的 U 形件通过与 H 形钢横梁焊接将贝雷梁固定在横梁上。为保证贝雷梁整体稳定性，每隔 3m 用 90 型支撑架和角钢连接系将一跨上的贝雷梁固定。

图 3-7　栈桥工字钢横梁施工

3.2.3.6　铺设桥面纵横梁

贝雷梁安装完成后，按照设计布置铺设 I25a 和 I12.6 工字钢，工字钢与贝雷片间用 U 形铁件联结以防滑动及焊接角钢，I25a 与 I12.6 相交部位焊接固定，如图 3-8 所示。

图 3-8　桥面纵横梁铺设

3.3　跨江主桥及引桥下部结构

道庆洲大桥工程 A2 标段工程内容为跨江主桥 2 号墩工程与 3 号墩工程、跨江南引桥工程（第三～第八联）、南岸接线桥梁工程（SR1 号墩～SR36 号墩的桥梁工程）及 S203 改扩建工程。

3.3.1　桩基工程

3.3.1.1　概述

道庆洲过江通道工程本标段工程水中工程包括：跨江主桥 2 号、3 号，引桥 S1

号～S19 号，南岸接线桥水中部分 SR1 号～SR5 号，匝道 A11 号～A16 号、B2 号～B6 号、C1 号。

该工程水中桩基共 336 根，其中主桥桩基 24 根，引桥桩基 234 根，南岸接线桥桩基 30 根，A 匝道桩基 24 根，B 匝道桩基 20 根，C 匝道桩基 4 根，见表 3-1。

水中桩基参数表　　　　　　　　　　　　　表 3-1

编号	墩/台号	桩径（m）	根数（根）	单根长（m）
1	2 号	2.8	12	51
2	3 号	2.5	12	49
3	S1	2.2	12	71
4	S2	2.2	12	46
5	S3	2.2	12	66
6	S4	2	12	82
7	S5	2	12	74
8	S6	2	12	82
9	S7	2	12	76
10	S8	2	12	82
11	S9	2	12	81
12	S10	2.2	12	84
13	S11	2	12	64
14	S12	2	12	64
15	S13	2	12	79
16	S14	2	12	67
17	S15	2.2	12	58
18	S16	2.2	12	51
19	S17	2.2	12	56
20	S18	2.2	12	41
21	S19	2.2	18	32
22	SR1	2.5（水中）	6	35
23	SR2	2.5（水中）	6	23.5
24	SR3	2.5（水中）	6	16
25	SR4	2.5（水中）	6	17.5
26	SR5	2.5（水中）	6	13.5
27	A11	2（水中）	4	19
28	A12	2（水中）	4	22
29	A13	2（水中）	4	18
30	A14	2（水中）	4	20
31	A15	2（水中）	4	25

续表

编号	墩/台号	桩径（m）	根数（根）	单根长（m）
32	A16	2（水中）	4	33
33	B2	2（水中）	4	30
34	B3	2（水中）	4	22
35	B4	2（水中）	4	15.5
36	B5	2（水中）	4	14
37	C1	2（水中）	4	12
合计			332	

施工采用利用栈桥搭设钻孔平台，在钻孔平台上进行钢护筒插打施工，钻机就位钻孔钻进施工。

3.3.1.2 钢护筒施工

1. 钢护筒制作

采用优质 Q235B 钢板（厚度 22mm）精心卷制，深入卵石层 0.5～1.5m 以稳固基础。由专业团队加工，护筒焊接采用高标准坡口双面技术，确保焊口连续平整，无沙眼、无漏洞。竖向焊口实施错开布局，强化结构防裂性。运输前，内部每隔 4m 设置稳固"十"字支撑，防止变形；同时，辅以木方、木尖支垫，确保护筒稳固不滚动。沉入作业前，适时拆除十字支撑，确保施工顺利进行。

结合桥位地质条件及墩位地面标高，特别是在潮水影响区域，钢护筒顶端应设计高出最高水位 1.5～2.0m，同时采取措施稳定护筒内水头。护筒内径较桩径增大 20cm，确保工厂单根一次成型，以符合高标准加工要求，见表 3-2。

钢护筒尺寸参数表　　　　　　　　　　　　　　　　　　　　　　表 3-2

桥墩	桩径/m	钢护筒外径 D/mm	规格（钢板厚度）/mm	护筒顶高程/m
2 号墩	2.800	3200	32	9.000
3 号墩	2.500	2700	22	9.000
S1 号墩	2.200	2400	20	9.000
S2 号墩	2.200	2400	20	9.000
S3 号墩	2.200	2400	20	9.000
S4 号墩	2.000	2200	18	9.000
S5 号墩	2.000	2200	18	9.000
S6 号墩	2.000	2200	18	9.000
S7 号墩	2.000	2200	18	9.000
S8 号墩	2.000	2200	18	9.000
S9 号墩	2.000	2200	18	9.000
S10 号墩	2.200	2400	20	9.000

桥墩	桩径 /m	钢护筒外径 D/mm	规格（钢板厚度）/mm	护筒顶高程 /m
S11 号墩	2.000	2200	18	9.000
S12 号墩	2.000	2200	18	9.000
S13 号墩	2.000	2200	18	9.000
S14 号墩	2.000	2200	18	9.000
S15 号墩	2.200	2400	20	9.000
S16 号墩	2.200	2400	20	9.000
S17 号墩	2.200	2400	20	9.000
S18 号墩	2.200	2400	20	9.000
S19 号墩	2.200	2400	20	9.000

2. 钢护筒施工

水中钢护筒采用 80～130t 履带式起重机起吊钢护筒，测量调整护筒的平面位置及其垂直度，护筒平面位置的偏差，一般不大于 5cm，护筒倾斜度的偏差应不大于 1%。

（1）钢护筒吊装

采用 80～130t 履带式起重机吊起第一节钢护筒（视钢护筒重量、直径和长度而定），垂直立放在定位架内并临时固定。

（2）钢护筒对位

将夹紧的钢护筒吊起，移动大钩使钢护筒下端对准已固定好导向架孔口，在沉桩前先用自重下沉，使钢护筒顶面在同一水平面上，然后徐徐下放钢护筒至河床，如图 3-9 所示。

图 3-9　钢平台搭设及护筒预留口施工

（3）钢护筒振沉

根据 2 号～S19 号不同桥墩处的地质情况第一层分别为淤泥、中砂或淤泥夹砂，因此护筒的沉入质量直接影响到成孔的速度和质量。

护筒沉入前由测量组队对桩位进行放样，放样采用 GPS 或全站仪测放，误差不大于 1cm。根据桩点位安放导向架，内口尺寸控制比护筒直径大 4mm。导向架下口在施工平台上焊接牢固，防止移动。准备工作做好后开始沉入护筒，采用履带式起重机配振动锤锤击沉入护筒。振动锤从多方位锤击护筒使其沿导向架沉入，并用两台经纬仪成 90° 角摆放，时刻监控护筒沉入的垂直度。对于需要加长的护筒逐节在孔口焊接加长到设计位置。水中钢护筒下沉采用 ICE V360 液压振动锤。

护筒埋设完成后，现场技术人员应及时测量护筒标高，并做好标记。以此作为下步工序控制依据，如图 3-10 所示。

图 3-10　护筒吊装埋设

3.3.1.3　钻孔施工

水中桩基均为嵌岩桩，综合岩性、桩长及施工工期考虑后，2 号墩、3 号墩位桩基采用 KTY4000 气举反循环钻机施工；其余墩位桩基采用 CK2000、CK2500 冲击钻机施工。

1. 钻机就位

钻机就位前，细致平整并加固场地，确保钻机稳固坐落。同时，全面检查机具安装、配套设备就位及水电供应等钻孔准备工作，如图 3-11、图 3-12 所示。

2. 泥浆制备

施工前应进行泥浆循环系统的布置。泥浆循环系统由泥浆池、循环池、泥浆泵、泥浆搅拌设备、泥浆分离器组成。泥浆池、沉淀池应及时清理，泥浆用水采用饮用水，通过洒水车运输到施工场地，如图 3-13 所示。

图 3-11 KTY4000 气举反循环钻机就位

图 3-12 冲击钻机就位

泥浆采用黏土造浆，每台钻机需配置一套泥浆循环系统，泥浆池就近采用相邻桩基钢护筒，当无临近钢护筒可用时泥浆池采用长 × 宽 × 高 =4.5m×2m×1.5m 的装配式泥浆池。

施工时，首先根据实测的泥浆指标，由泥浆搅拌设备调配泥浆。泥浆调配好以后进入泥浆池，送入钻孔桩内。然后从钻孔内循环出来的带钻渣的泥浆，通过泥浆分离器，使浆渣分离。废渣排放到废渣池中，优质泥浆回流到钢护筒泥浆池内，循环往复，如图 3-14 所示。

钻孔过程中如需换浆，废弃泥浆先用泥浆泵打入泥浆船中，然后用泥浆泵打入运浆车内，最后进行统一处理。桩孔混凝土浇筑时，通过泥浆泵将泥浆直接泵送到 300m³ 的泥浆船内。对于可重复利用的泥浆，通过泥浆泵将泥浆从船上将泥浆送到所需的护筒内。

图 3-13　施工现场三级泥浆池

图 3-14　施工现场泥浆运浆车

3. 钻进成孔

跨江主桥 2 号墩桩基钻孔施工如图 3-15 所示，钻进成孔应注意以下事项：

（1）钻进前应对各项准备工作进行认真详细的检查，确保无误时方可钻进。

（2）钻孔开始时，应小冲程开孔，并应使初成孔的孔壁坚实、竖直、圆顺，能起到导向作用，待钻进深度超过钻头全高加冲程后，方可进行正常冲击。冲击钻进过程中，孔内水位应高出护筒底口 500mm 以上，掏取钻渣和停钻时，应及时向孔内补水保持水头高度。如护筒底土质松软发现漏浆时，可提起钻头，向孔内投放黏土，再放下钻头冲击，使胶泥挤入孔壁堵住漏浆空隙，待不再漏浆时，继续钻进。

（3）钻孔开始后应随时检测护筒的水平位置和竖直线，如发现偏移，应将护筒拔出，调整后重新钻进。

（4）钻孔过程中必须保证钻孔垂直，护筒内的泥浆顶面，应始终高出护筒外施工水位

1.5～2.0m。

（5）在钻孔排渣、提钻头除土或因故停机时，应保持孔内具有规定的水位和要求的泥浆相对密度和黏度。处理孔内事故或因故停机，必须将钻头提出孔外。

（6）在钻孔作业时应分班连续进行，填写施工记录，交班时应交代钻进情况及下一班注意事项。应经常对钻孔泥浆进行检测和试验，不符合要求时，应随时改正。

图 3-15　跨江主桥 2 号墩桩基钻孔施工

4. 桩基孔深、孔径验收

成孔深度达到设计深度，进行清孔后，由质检员进行成孔质量检验，采用钢筋探笼（长度为设计桩径的 4～6 倍，直径不小于设计桩径）配合测绳进行检验桩径、垂直度及是否有缩孔现象，用测绳配测锤检查孔深和孔底沉渣厚度。

（1）终孔清孔。

（2）钻孔深度达到设计标高后，应对孔深、孔径、孔的偏斜度进行检查，并经监理工程师批准，符合要求后立即进行清孔。

（3）清孔的方法应采用抽浆清孔法。

（4）清孔时保持孔内水头，防止塌孔。

（5）清孔后取样，进行泥浆性能指标试验，泥浆各项性能见表 3-3。

<table>
<tr><td colspan="3" align="center">泥浆性能表</td><td align="right">表 3-3</td></tr>
<tr><td align="center">序号</td><td align="center">主要性能指标</td><td colspan="2" align="center">取值范围</td></tr>
<tr><td align="center">1</td><td align="center">泥浆比重</td><td colspan="2" align="center">1.03～1.1</td></tr>
<tr><td align="center">2</td><td align="center">稠度</td><td colspan="2" align="center">17～20</td></tr>
<tr><td align="center">3</td><td align="center">含砂率</td><td colspan="2" align="center">≤ 2%</td></tr>
<tr><td align="center">4</td><td align="center">胶体率</td><td colspan="2" align="center">> 98%</td></tr>
</table>

（6）在吊入钢筋骨架后，灌注水下混凝土之前，必须进行第二次清孔，符合要求后方可灌注水下混凝土，见表3-4。

钻孔灌注桩质量标准表　　　　　　　　　　　　　　　　　表3-4

项目	允许偏差
质量检验	1. 钻孔在终孔和清孔后，应进行孔位、孔深检验。 2. 孔径、孔形和倾斜度宜采用专用仪器测定，当缺乏专用仪器时，可采用外径为钻孔桩钢筋笼直径加100cm（不得大于钻头直径），长度4～6倍外径的钢筋检孔器吊入钻孔内检测
孔的中心位置（mm）	群桩：100；单排桩：50
孔径（mm）	不小于设计桩径
倾斜度（%）	钻孔：<1
孔深（m）	端承桩：比设计深度超深不小于0.05
沉淀厚度（mm）	端承桩：不大于设计规定；设计未规定；沉淀厚度≤50mm
清孔后泥浆指标	相对密度：1.03～1.10；黏度：17～20Pa.s；含砂率：<2%；胶体率：>98%

3.3.1.4　钢筋笼施工

1. 钢筋笼制作与声测管安设

钢筋笼骨架在钢筋加工厂采用高效率数控滚焊机制作，确保钢筋笼制作的误差低于规范要求，再由平板运输车运至现场。在绑扎焊接时、箍筋加密区不得进行纵向钢筋连接，鉴于本桥钻孔桩为端承桩，孔深桩长，最长的钢筋笼84m，须分段绑扎、分段焊接。钢筋笼加工长度按照12m一节加工，吊入时从钢筋加工厂运至桩位再整体接长。吊装时保证主筋平放在同一水平面上，确保钢筋笼骨架的竖直度。主筋连接按照设计要求采用机械连接。主筋与加强箍筋采用点焊连接，主筋与螺旋箍筋采用点焊连接。

2. 钢筋骨架的存放、现场吊装

（1）钢筋骨架临时存放的场地必须保证平整、干燥、存放时，每个加劲筋与地面接触处都垫上等高的方木，以免钢筋笼受潮或沾上泥土。每个钢筋笼制作好后要分节挂上标识牌，便于钢筋笼的报验和使用时按节吊装。

（2）钢筋笼吊装时，先由平板车运输至现场，在安装钢筋笼时采用三点起吊。第一吊点设在骨架的下部；第二吊点设在骨架长度的中点到三分之一点之间；第三吊点设在钢筋骨架最上端的定位处。应采取措施对起吊点处予以加强，以保证钢筋笼在起吊时稳固不变形。

（3）吊放钢筋笼入孔时应对准孔径，保持垂直，轻放、慢放入孔，安设钢筋笼保护层采用同标号混凝土导向轮，导向轮的厚度为混凝土保护层厚度。钢筋笼入孔后应徐徐下放，避免左右旋转，严禁摆动碰撞孔壁。若遇阻碍应停止下放，查明原因进行处理，严禁高提猛落和强制下放，如图3-16所示。

（4）钢筋笼骨架上端定位，必须由测定的孔口标高来反推定位筋的标度，并反复核对桩基保护桩使钢筋笼骨架就位准确后再焊接。

图 3-16　钢筋笼吊放入孔

3.3.1.5　混凝土施工

工程水中桩基施工灌注混凝土采用水下 C35。

1. 导管下放及二次清孔

采用 ϕ300mm 卡扣式螺纹连接法的导管，使用前导管需进行密水试验，检查导管的密闭性，试验压力 0.6～1.0MPa。

下放导管前，根据孔深配备所需导管，准确测量并记录所用导管的长度与根数；下放导管时，导管连接要紧密，导管下入孔内后，底端宜距离孔底 0.3～0.5m；导管应位于钻孔中心位置；导管下放完毕，重新测量孔深及孔底沉渣厚度，如孔底沉渣厚度超过要求，则应利用导管进行二次清孔，直至孔底沉渣厚度达到要求。

2. 混凝土灌注

混凝土灌注采用导管法，隔水塞使用直径略小于导管直径的球胆，利用起重机提升导管灌注混凝土。对于现场场地限制可采用泵车配合浇筑。

清孔完毕后，在导管内放入球胆式隔水塞，安装好初灌斗，准备灌注。混凝土坍落度为 18～22cm；坍落度损耗不大于 2cm/h。

灌注前，在孔口检查混凝土的坍落度、和易性，每一工作班组至少 2 次，当坍落度满足水下灌注要求，并有较好的和易性时才能灌注。按照计算好的初灌量进行首次灌注，保证首次灌注后导管在混凝土中埋深不小于 1m。

灌注过程测量混凝土的上升高度并计算埋管深度，认真填写水下混凝土灌注记录。灌注混凝土时，应边灌注混凝土边提拔导管，但应保证导管的底部至少低于混凝土面 2m。

3.3.1.6　废弃泥浆钻渣处理

施工过程中考虑环保要求，桩基础施工过程中使用的泥浆应严格控制其排放及废弃处理。钻孔过程中产生的泥浆和钻渣不能直接排放到江中，泥浆在墩位间和各墩位处护筒内循环，废浆和灌注过程中排出的泥浆采用泥浆泵抽排至泥浆船，然后运输指定地点统一处理。

3.3.2 钢围堰工程

根据现场施工安排，2 号墩采用无底的双壁钢套箱，3 号、S17 号、S18 号、S19 号墩采用有底钢吊箱，其余墩位采用钢板桩。

3.3.2.1 概述

1. 主桥 2 号墩承台

2 号墩为主墩采用双壁钢套箱施工。围堰内轮廓尺寸为承台尺寸四边外扩 200mm，为 25.4m×17.4m，外轮廓尺寸为 28.4m×20.4m，围堰壁体厚度 1.5m，底标高 −14.5m，壁体总高度 22m，竖向分两节拼装（从底往上 15.0m+7.0m），在围堰内设置四道内支撑。封底混凝土厚度为 4.0m。承台顶面标高为 −5m，承台底标高 −10.5m，计算围堰顶标高为 7.5m，计算承台围堰底标高为 −14.5m，基坑深度达 22m，如图 3-17、图 3-18 所示。

图 3-17　2 号钢围堰平面图

2. 主桥 3 号墩承台

3 号主墩承台施工采用双壁钢吊箱围堰施工，围堰内轮廓尺寸为承台尺寸四边外扩 200mm，为 24.9m×15.4m，外轮廓尺寸为 27.9m×18.4m，围堰壁体厚度 1.5m，底标高 −8m，壁体总高度 15.5m，在围堰内设置两层内支撑。封底混凝土厚度为 2.0m。3 号墩承台双壁钢吊箱平立面如图 3-19、图 3-20 所示。

3. S17 号墩承台

S17 号引桥墩承台施工采用双壁钢吊箱围堰施工，围堰内轮廓尺寸为承台尺寸四边外扩 200mm，为 24.9m×14.4m，外轮廓尺寸为 27.9m×17.4m，围堰壁体厚度 1.5m，底

图 3-18　2 号钢围堰运输

图 3-19　3 号钢围堰平面布置图

标高 −8m，壁体总高度 15.5m，在围堰内设置两层内支撑。封底混凝土厚度为 2.0m，如图 3-21、图 3-22 所示。

4. S18 号承台

S18 号引桥墩承台施工采用双壁钢吊箱围堰施工工艺，围堰内轮廓尺寸为承台尺寸四边外扩 200mm，为 36.9m×14.4m，外轮廓尺寸为 39.9m×17.4m，围堰壁体厚度 1.5m，底标高 −8m，壁体总高度 15.5m，竖向分两节拼装（从底往上 9.5m+6.0m），在围堰内设

图 3-20　3 号钢围堰体系转换后墩身施工

图 3-21　S17 号钢围堰平面布置图

置两层内支撑。封底混凝土厚度为 2.0m，如图 3-23 所示。

5. S19 号承台

S19 号引桥墩承台施工采用双壁钢吊箱围堰施工工艺，围堰内轮廓尺寸为承台尺寸四边外扩 200mm，为 41.4m×14.4m，外轮廓尺寸为 44.4m×17.4m，围堰壁体厚度 1.5m，

图 3-22　S17 号钢围堰横立面布置图

图 3-23　S18 号钢围堰平面布置图

底标高 −8m，壁体总高度 15.5m，竖向分两节拼装（从底往上 9.5m+6.0m），在围堰内设置两层内支撑。封底混凝土厚度为 2.0m，如图 3-24、图 3-25 所示。

3.3.2.2　钢围堰施工流程

1. 主桥 2 号承台钢围堰

流程 1：桩基施工完成→拆除钻孔平台→河床清理找平至 −9.0m →切割四个角钢护筒

图 3-24　S19 号钢围堰平面布置图

图 3-25　S19 号钢围堰立面布置图

至 −5.0m。

　　流程 2：驳船运输第一节围堰（15m）就位→浮式起重机起吊钢围堰→驳船退离→浮式起重机前移下放钢围堰至自浮。第一节围堰合计 512t，预计刃脚入水 4.5m 后自浮。

　　流程 3：围堰夹壁内注水 8.8m，刃脚入水约 13.3m 并保持自浮。下放过程中，连通器一直保持打开状态。

　　流程 4：驳船运输第二节围堰（7m）就位→浮式起重机起吊第二节围堰→驳船退离→浮式起重机前移下放与第一节钢围堰焊接拼装。焊接拼装过程中，浮式起重机吊钩处于吃力状态，焊接拼装完成后，浮式起重机松钩，全部完成后，围堰刃脚已着床。

　　流程 5：在护筒上搭设吸泥平台后，围堰夹壁内对称浇筑 C30 混凝土 6.4m 高（约

866m³）（各隔舱混凝土面高差不大于 2m，混凝土面高度每隔 1h 测一次），调节围堰夹壁水位，围堰内侧吸泥，直到下沉至设计标高，并保持稳定。清理围堰内泥面至标高 −14.5m。

流程 6：水下浇筑 C30 封底混凝土 4.0m，约 1727.5m³。封底混凝土达到设计强度后，关闭连通器，围堰内抽水，夹壁水位控制在 −1.0m 左右。

流程 7：割除钢护筒，清理桩头，绑扎钢筋，浇筑第一层承台（3.0m），约 1338m³。

流程 8：第一层承台施工 10d 以内，割除底层内支撑，混凝土面凿毛清理后，绑扎钢筋，浇筑第二层承台（2.5m），约 1160m³。

流程 9：拆除第二到四层内支撑的中部支撑，保留四角撑，绑扎桥墩钢筋，逐步施工桥墩。全部施工完成后，从下往上逐层拆除内支撑，每拆除一道内支撑，围堰内须注水至上一层内支撑以下约 1m 处，再拆除上层内支撑。拆除所有内支撑后，打开连通器，水下割除承台顶面以上的壁体，回收钢材。

2. 主桥 3 号、引桥 S17 号承台围堰

3 号、S17 号钢吊箱采用浮式起重机整体吊装，吊钩共一个，在壁体顶部设置 8 个吊耳，分别位于隔舱板顶端位置，吊点附近采用 10mm 钢板补强，以 3 号围堰施工为例。

流程 1：桩基施工完成→拆除钻孔平台→割除钢护筒至标高 +7.5m→驳船运输围堰（15.5m）就位→浮式起重机起吊钢围堰→驳船退离→浮式起重机前移下放钢围堰至自浮。

围堰合计 752.3t，预计底板入水 5.9m 后自浮。其中 3 号墩考虑到临近石坝，石坝底标高高于钢围堰下沉底标高，需进行挖除，根据现场实测数据最大挖除深度约为 5m，挖除方量约为 1012.5m³。

流程 2：围堰侧板顶端安装挂腿。

流程 3：围堰夹壁内注水 8.5m，注水下沉至设计标高 −8.0m 并保持自浮。下沉过程中，连通器一直保持打开状态。

流程 4：清理钢护筒周壁，将撑杆与钢护筒进行焊接完成后，水下浇筑 C30 封底混凝土 2.0m，约 767m³。封底混凝土达到设计强度后，关闭连通器，围堰内抽水，夹壁水位控制在 0.5m 左右。

流程 5：沿护筒四周凿封底混凝土 42cm，将抗剪板与钢护筒进行焊接。

流程 6：割除钢护筒，清理桩头，绑扎钢筋，浇筑承台（4.0m），约 1470m³。

流程 7：承台达到一定强度后，进行内支撑体系转换为角撑 + 系梁横撑，以便桥墩施工。

3. 引桥 S1 号～S16 号承台围堰

引桥 S1 号～S16 号承台采用钢板桩围堰，施工流程如下：开始→测量放线→插打定位钢板桩→插打钢板桩→围堰合拢→设置第一道内支撑→吸泥至指定标高→水下混凝土封底→抽水堵漏→破桩头→承台施工→拆除内支撑→拔出钢板桩。

4. 引桥 S18 号承台围堰

流程 1：桩基施工完成→拆除钻孔平台→割除钢护筒至标高 +7.5m→驳船运输第一节围堰（9m）就位→浮式起重机起吊钢围堰→驳船退离→浮式起重机前移下放钢围堰至自浮。第一节围堰合计 654.7t，预计底板入水 4.3m 后自浮。

流程2：驳船运输第二节围堰（6.5m）就位→低潮位浮式起重机起吊第二节围堰→驳船退离→浮式起重机前移下放与第一节钢围堰焊接拼装。焊接拼装过程中，浮式起重机吊钩处于吃力状态，焊接拼装完成后，浮式起重机松钩，第二节围堰合计245.5t，全部完成后，预计底板入水6.0m后自浮。

流程3：对接完成后，围堰侧板顶端安装挂腿。

流程4：围堰夹壁内注水8.0m，注水下沉至设计标高-8.0m并保持自浮。下沉过程中，连通器一直保持打开状态。

流程5：清理钢护筒周壁，将撑杆与钢护筒进行焊接完成后，水下浇筑C30封底混凝土2.0m，约1100m³。封底混凝土达到设计强度后，关闭连通器，围堰内抽水，夹壁水位标高控制在±0.0m左右。

流程6：沿护筒四周凿封底混凝土42cm，将抗剪板与钢护筒进行焊接。

流程7：割除钢护筒，清理桩头，绑扎钢筋，分两次浇筑承台（4.0m），约1057.1m³。

流程8：承台达到一定强度后，进行内支撑体系转换为角撑+系梁横撑，以便桥墩施工。

体系转换完成后，绑扎桥墩钢筋，逐步施工桥墩。全部施工完成后，从下往上逐层拆除内支撑，每拆除一道内支撑，围堰内须注水至上一层内支撑以下约1m处，再拆除上层内支撑。拆除所有内支撑后，打开连通器，水下割除承台面以上的壁体，回收钢材。

5. 引桥S19承台围堰

流程1：桩基施工完成→拆除钻孔平台→割除钢护筒至标高+7.5m→驳船运输第一节围堰（9m）就位→浮式起重机起吊钢围堰→驳船退离→浮式起重机前移下放钢围堰至自浮。第一节围堰合计775.4t，预计底板入水4.5m后自浮。

流程2：驳船运输第二节围堰（6.5m）就位→低潮位浮式起重机起吊第二节围堰→驳船退离→浮式起重机前移下放与第一节钢围堰焊接拼装。焊接拼装过程中，浮式起重机吊钩处于吃力状态，焊接拼装完成后，浮式起重机松钩，第二节围堰合计272.2t，全部完成后，预计底板入水6.5m后自浮。

流程3：对接完成后，围堰侧板顶端安装挂腿。

流程4：围堰夹壁内注水8.5m，注水下沉至设计标高-8.0m并保持自浮。下沉过程中，连通器一直保持打开状态。

流程5：清理钢护筒周壁，将撑杆与钢护筒进行焊接完成后，水下浇筑C30封底混凝土2.0m，约1200m³。封底混凝土达到设计强度后，关闭连通器，围堰内抽水，夹壁水位控制在-0.2m左右。

流程6：沿护筒四周凿封底混凝土42cm，将抗剪板与钢护筒进行焊接。

流程7：割除钢护筒，清理桩头，绑扎钢筋，分两次浇筑承台（4.0m），约1561.2m³。

流程8：承台达到一定强度后，进行内支撑体系转换为角撑+系梁横撑，为后续桥墩施工预留空间。

流程9：体系转换完成后，绑扎桥墩钢筋，逐步施工桥墩。全部施工完成后，从下往上逐层拆除内支撑，每拆除一道内支撑，围堰内须注水至上一层内支撑以下约1m处，再拆除上层内支撑。拆除所有内支撑后，打开连通器，水下割除承台顶面以上的壁体，回收钢材。

3.3.2.3 钢围堰制造与运输

1. 钢围堰制作

双壁钢套箱、钢吊箱围堰在工厂分块制作，分块壁体的平焊及立焊焊完后，用汽车式起重机或履带式起重机进行空中翻身后再焊未焊完的焊缝，以减少仰焊，保证焊接质量。考虑到分块壁体需在现场分别进行组拼，分块壁体的内外壁板均需留有余量，分块组装焊接完成后，重新定位划线，切割端头余量。每个分块壁体按照壁体分块示意图进行编号，并用油漆标记，如图 3-26～图 3-28 所示。

图 3-26　围堰拼装加工厂

图 3-27　围堰拼装

图 3-28　S19号钢围堰底板布置图

2. 钢围堰运输

围堰整体或单节用4000t平板船、4000p拖轮、2400p锚艇运输车运到施工现场。模板上设置吊耳，为防止模板变形，采用十点或八点吊。不允许在模板背带型钢上直接气割吊孔。

围堰由加工地点运输至施工现场距离为85海里，运输时间为14h，如图3-29所示。

图 3-29　围堰运输

3.3.2.4　钢围堰安装

1. 围堰拼装、下放前的准备

（1）钻孔桩施工完毕后，拆除钻孔平台顶面桥面板、贝雷梁、桩顶分配梁，并拆除钢护筒间的泥浆循环系统及其他附件，拔除钻孔平台钢管桩。

（2）在 2 号、3 号墩中间打设三根钢管，以方便牵引。同理于 S17 号、S18 号墩位间打设三根钢管。

（3）4000t 驳船将围堰从宁德运至施工现场，700t 浮式起重机就位。

（4）钢套箱和钢吊箱围堰的加工及下沉，全部由具有相应资质的公司承担，降低施工过程中由于不专业而造成的事故和危险。

2. 钢围堰吊装

该工程钢吊箱、钢套箱围堰均采用整体吊装，如图 3-30 所示。以 2 号墩为例，其参数如下所示：

钢吊箱采用浮式起重机整体吊装，吊钩共 1 个，在壁体顶部设置 8 个吊耳，分别位于隔舱板顶端位置，吊点附近采用 10mm 钢板补强，详见设计图纸。

起吊重量：第一节段 15m，约 512t，考虑动载系数 1.3。

起吊高度：不小于 25m（吊钩与吊点的垂直距离）。

约束条件：吊钩位置铰接。

图 3-30 围堰下放

吊耳参数如图 3-31 所示，耳板共两个，中间开 202mm 的孔径，耳板厚度 $T=20mm$，孔径对称补强，肋板厚度为 16mm，销轴直径 200mm。耳板与肋板采用 Q235 钢材，销轴采用 40Cr 钢材。

3. 钢围堰下放

起重船在江内不受干扰的地方抛锚定位，运输吊具的驳船在起重船前方抛锚定位，工作人员在驳船上拼装吊具并起吊。

根据外露护筒的大概位置，起重船被拖至现场后由锚艇下锚定位，起重船下五口锚，分别是四个角上的四个锚和一口后尾锚，起重船的锚下设定位后，起重船向后退 50m 左

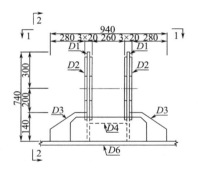
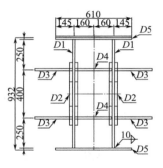
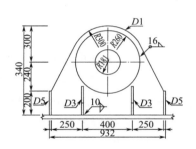

图 3-31　吊耳平、立面图

右，运输驳船在起重船和承台中间位置定位，前后各下一口锚，靠近起重船的一侧与起重船设置缆绳固定位置。

起重船向前行驶至平板驳处，准备吊装钢套箱／钢吊箱，起重工作人员将吊装绳索固定好后，人员撤离平板驳，起重船开始起钩，起重船的起钩速度 30cm/min，起吊 20cm后，静置 15min，无异常情况后，起重船继续起升，将围堰底标高吊至 +9.0m，起重船后退 50m 左右，平板驳起锚离开。起重船绞锚横移至墩位进行围堰初步定位，等钢护筒露出套箱顶时，把起重船的一根牵引缆绳绑在一根或几根钢护筒上，作为精确调整套箱时，起重船前进的牵引力。测量人员精确测量定位，最终落钩到位，如图 3-32、图 3-33 所示。

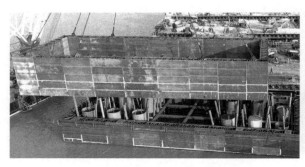

图 3-32　围堰对接

图 3-33　围堰拼接

3.3.2.5　钢围堰下沉

2 号承台钢围堰下沉吸泥设备配置为：4 台空气吸泥机（流量 15m³/h/ 台、扬程 30m）、2 台抓斗、二条运渣船。吸泥方量 2300m³ 左右，吸泥时间 5d。

（1）钢围堰着床后，先浇筑夹壁混凝土，如图 3-34 所示，然后采用吸泥为主，抓斗为辅的方式下沉围堰。

（2）前期吸泥可以先周边（刃脚附近）后向中间，使围堰能够尽快顺利下沉，待围堰入土深度不小于 2～3m 后，即按先中间后四周扩散最终形成锅底。

（3）吸泥控制点距离围堰内壁原则上不小于 2m，吸泥过程中每间隔 2h 测一次泥面标高，并绘制出泥面锅底曲线，以此指导吸泥。

（4）吸泥管口离泥面约 15～30cm 为宜，过低易堵塞，过高吸泥效果不好。

图 3-34　钢围堰夹壁混凝土浇筑

（5）围堰下沉过程中，合理安排吸泥位置，避免对围堰造成偏压。围堰在下沉过程中连通管始终处于打开状态，来平衡钢围堰内外水头差。

（6）钢围堰下沉至距设计标高约 1m 左右时，应适当放慢速度，以使围堰平稳下沉、正确就位。

（7）钢围堰下沉至设计标高后即停止下沉，由潜水员检查刃脚处情况，如刃脚处部分出现空洞，应抛填砂袋。

（8）钢围堰下沉到位，其精度应满足：中心轴线偏位及允许误差不大于 5cm，切斜度规定值及允许误差 L/100cm，平面扭角规定值及允许误差 1°。

（9）在整个钢围堰吸泥下沉过程中，坚持每天观测水位，定期测量流速，检查墩位处水下地形、冲刷变化和钢围堰的移动轨迹，做好记录，以便确定精确定位以及下沉着床的有关技术参数。

（10）为防止主、支栈桥因钢围堰的下放而产生较大的冲刷变形，在钢围堰下放前对主、支栈桥进行加固处理。在冲刷严重的钢管桩两侧插打 2 根 ϕ630 钢管柱，通过双拼 25a 槽钢与现有钢管桩进行焊接，增强其整体稳定性。

3.3.2.6　钢围堰封底

1. 概述

水中承台钢围堰封底均采用水下整体斜面推进法封底工艺，采用 2 套导管从上游侧向下游侧推进，一次性封底到位。

水中承台钢围堰封底混凝土相关参数见表 3-5。

水中承台钢围堰封底混凝土参数统计表　　　　表 3-5

墩位	封底厚度（m）	封底方量（m³）	封底速度（方/h）	时间（h）	标号
2 号	4	1768	80（2 台 HZS120 站，8 辆罐车）	21.59	
3 号	2	767	80（2 台 HZS120 站，8 辆罐车）	8	
S17 号	2	717	80（2 台 HZS120 站，8 辆罐车）	7.2	C30
S18 号	2	1062	80（2 台 HZS120 站，8 辆罐车）	12	
S19 号	2	1193	80（2 台 HZS120 站，8 辆罐车）	13.7	

水中承台钢围堰封底混凝土最多由 2 座 HZS120m³/h 搅拌站生产，配置 10 台 10m³ 混凝土罐车运送到施工现场。物资部按照一次浇筑最大方量的 1.2 倍备好原材料。

封底混凝土浇筑前，物资设备部门对混凝土生产设备、汽车泵、罐车进行检查及调试，确保设备正常运营。所需设备见表 3-6。

封底混凝土主要设备　　　　表 3-6

序号	名称	数量	备注
1	履带式起重机 80t	1 台	吊装封底料斗、导管
2	履带式起重机 90t	1 台	吊装封底料斗、导管
3	混凝土罐车 10 方	10 辆	
4	泵车 48m 臂长	2 辆	混凝土浇筑
5	料斗 2 方	2 个	混凝土浇筑
6	导管直径 299mm/l=30m	3 套	两套施工使用、一套备用配夹具
7	50m 测绳	10 套	控制测量封底标高（配 1kg）测锤
8	水准仪	1 台	测量平台控制点标高
9	全站仪	1 台	测量平台控制点标高

2. 围堰内侧清理

钻孔桩及钢围堰下沉施工时间较长，在钢护筒的外壁及钢围堰内壁上会存有水锈或其他杂物。为保证封底混凝土质量以及封底混凝土与钢护筒之间的握裹力，潜水员水下用高压水枪及钢刷对封底混凝土区域的围堰壁体内侧以及钢护筒外壁上的淤泥杂物进行清理。

3. 封底平台搭设

为保证封底混凝土施工人员作业方便，需搭设覆盖整个围堰的操作平台。

主梁采用 H340×250，间距 150cm，两侧和钢围堰焊接，次梁采用 12 工字钢，间距 150cm，铺设 200cm×20cm×5cm 木跳板作为人员操作通道，如图 3-35 所示。

4. 封底导管布置

2 号墩承台钢围堰共布置 18 个封底点，首封点由汽车泵配合溜槽进行首封。首封点浇筑直至设计标高后，由两台 48m 臂长汽车泵、2 套封底导管按照由上游侧和下游侧两侧往中整体斜面推进顺序二次封底。

S18 号墩、S19 号墩承台钢围堰类似，以 S19 号为例介绍，共布置 38 个封底点，首

图 3-35 封底平台搭设

封点布置 2 个溜槽由罐车自卸混凝土进行首封。首封点浇筑直至设计标高后，由两台 37m 臂长汽车泵、2 套封底导管按照由上游侧和下游侧两侧往中整体斜面推进顺序二次封底。

3 号墩、S17 号墩承台钢围堰类似，以 3 号为例介绍，共布置 20 个封底点。首封点由 48m 臂长汽车泵进行首封。首封点浇筑直至设计标高后，由两台 37m 臂长汽车泵、2 套封底导管按照由上游侧至下游侧整体斜面推进顺序二次封底。

5. 首次封底

封底顺序从下游侧往上游侧推进，布置 1 个首封点，采用拔塞法进行。

首封点混凝土冲击力过大，容易冲起淤泥，为保证首封点混凝土质量，在首封点河床上铺设尺寸 1.5m×1.5m，厚度 δ=6mm 铁板。

导管使用前进行水密试验，导管安装中，每个接头需预紧检查，固定完成后用履带式起重机吊起封底料斗，料斗口用橡皮塞封堵，调整导管口距离铁板高度约 30cm。

采用 2m³ 料斗布料，向封底料斗内泵送混凝土，料斗注满混凝土后再次用测锤调整导管口与铁板距离。副钩拔掉橡皮塞，同时泵车持续向料斗内泵送 18m³ 混凝土，以保证首封埋深。

6. 二次封底

根据混凝土流动半径，确定的临近封底点混凝土厚度约为 0.8～1.5m。

将首封料斗拔出，调至第二个封底位置下放导管。塞紧橡皮塞，泵送混凝土。

二封导管上口接 2m³ 的小料斗，由测锤控制导管底口距离混凝土面 10～15cm。塞紧橡皮塞，向料斗内泵送混凝土，副钩拔出橡皮塞，泵车继续泵送，估计料斗内混凝土封入导管 2 方时，导管内的水基本被压出，且导管口有一定埋深。

将导管下沉 50～70cm 左右，避免水洗混凝土现象发生，持续浇筑直至达到设计标高，浇注过程中注意控制每一浇筑点标高，周围 4m 范围内的测点都要测一次，并记录灌注、测量时间。

封底混凝土斜向推进到基底角落时，可能存在泥浆和浮浆堆积的现象，需采用空气吸泥机将泥浆与浮浆排除。

混凝土浇筑临结束时，全面测出混凝土面标高，重点检测导管作用半径相交处、护筒周边，围堰内侧周边等部位，根据结果对标高偏低的测点附近导管增加浇注量，力求封底混凝土顶面平整，保证封底厚度达到要求。

当所有测点均符合要求后，终止混凝土浇筑，上拔导管，冲洗堆放。

7. 监控量测

承台钢围堰水下混凝土封底工艺中，精确的测量控制为施工重点，方案如下：

平台搭设完成后，将封底导管布置点用红油漆标记在分配梁 [25a 上，由水准仪测量控制点标高，记录在表格中。

以型钢控制点为基准，用钢丝测绳测锤重新复测围堰基底标高，并做记录。

封底进行时，以型钢控制点为基准，用钢丝绳测锤测量封底混凝土顶面标高，计算导管的埋深，并控制浇筑方量。

每个测点浇筑完成后，须在 3h 内复测三次封底混凝土顶面标高，检查封底混凝土发生沉降状况。

封底完成后，须对整个围堰范围内封底混凝土顶标高进行全面复测。

3.3.2.7 围堰降水施工

当封底混凝土强度达到设计强度的 90% 时，在低水位封闭钢围堰壁体上的连通器。进行钢围堰内抽水工作，布置 6 台功率 15kW，扬程 30m 潜水泵同时作业。钢围堰抽水时，围堰朝最不利状况转变，应注意观察围堰壁体及钢管支撑的变形情况。抽水过程中局部会有漏水，应边堵漏边抽水，直至围堰内水抽完，如图 3-36 所示。

图 3-36 围堰降水

3.3.3　承台工程

3.3.3.1　概述

2号墩为主桥主墩，采用钻孔灌注桩基础。承台平面尺寸为25m×17m的矩形，承台高5.5m。采用12根直径2.8m的钻孔灌注桩，顺桥向桩间距6.0m，横桥向桩间距6.0m/8.0m，如图3-37所示。

3号墩承台平面尺寸为24.5m×15m的矩形，承台高4m。采用12根直径2.5m的钻孔灌注桩，顺桥向桩间距5.5m，横桥向桩间距5.5m/9.5m。钻孔桩施工采用直径2.8m的钢护筒，如图3-38所示。

S1号墩～S17号墩承台平面尺寸为24.5m×14m的矩形，承台高4m。采用12根直径2.0m/2.2m的钻孔灌注桩，顺桥向桩间距5.0m，横桥向桩间距5.5m/9.5m。钻孔桩施工采用直径2.3m/2.5m的钢护筒，如图3-39所示。

S18号墩承台平面尺寸为36.5m×14m的矩形，承台高4m。采用12根直径2.2m的钻孔灌注桩，顺桥向桩间距5.0m，横桥向桩间距5.5m/21.5m。钻孔桩施工采用直径2.5m的钢护筒，如图3-40所示。

S19号墩承台平面尺寸为41m×14m的矩形，承台高4m。采用12根直径2.2m的钻孔灌注桩，顺桥向桩间距5.0m，横桥向桩间距5.0m/17.0m。钻孔桩施工采用直径2.5m的钢护筒，如图3-41所示。

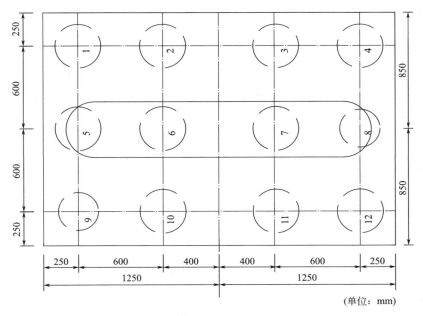

（单位：mm）

图3-37　2号墩承台平面图

3.3.3.2　桩头处理

桩头凿除采用环切法，具体步骤如下：

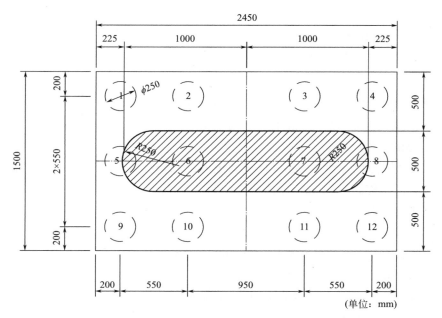

（单位：mm）

图 3-38　3 号主墩承台平面图

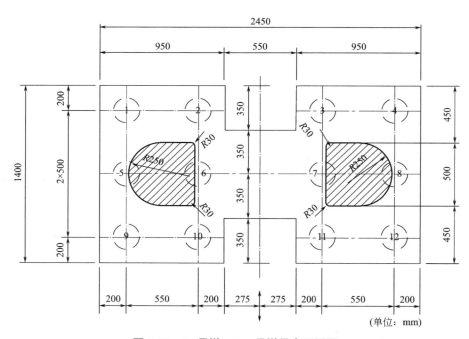

（单位：mm）

图 3-39　S1 号墩～S17 号墩承台平面图

（1）测量人员对桩顶标高进行放样（桩顶高于承台底面 20cm），用红油漆环向划线标识。

（2）环切桩头：在桩顶标高以上 30cm 处用切割机环向切割 3cm 深的切口，切割时严格控制切割深度，避免割伤钢筋。

（3）截断桩头：采用钢钎沿切口处继续向内凿除，将桩头凿断。

（4）吊离桩头：桩头按位置打断后，采用吊车统一吊离。

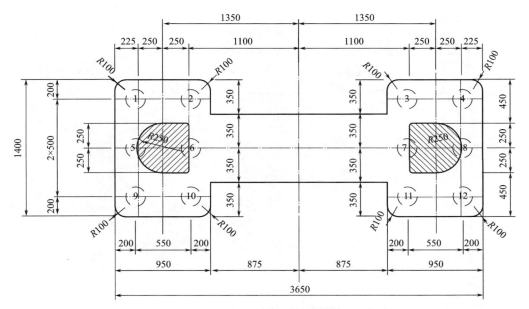

图 3-40 S18 号墩承台平面图

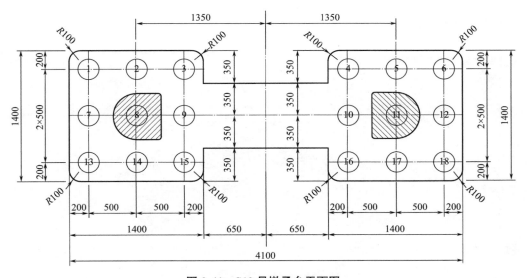

图 3-41 S19 号墩承台平面图

（5）人工修整：采用风镐对高出桩顶部分的混凝土进行凿除，凿除后桩顶位置不低于设计高程，桩头凿除完成后，清除杂物并用水清洗桩头，如图 3-42 所示。

3.3.3.3 钢筋施工

主墩承台钢筋根据承台浇筑次数分二次安装。主墩承台包括防裂网片筋、主筋网片筋、架立筋、箍筋、系梁钢筋及桥墩预埋钢筋。钢筋绑扎施工顺序为底层钢筋网片→底层主筋→侧面→箍筋→顶层网片筋→桥墩预埋钢筋。因承台分两次浇筑，顶层网片钢筋预留至首次钢筋混凝土浇筑之后绑扎。

图 3-42　桩头凿除施工图

2 号墩承台钢筋绑扎图如图 3-43 所示。

图 3-43　2 号墩承台钢筋绑扎

3.3.3.4　混凝土浇筑

钢栈桥宽 9m，支栈桥除 2 号、3 号墩为双侧外，其余墩均为单侧。由于场地有限，因此需要合理布置泵车、罐车等设备。同时承台浇筑混凝土方量大，现场主要采用溜槽输送混凝土，泵车辅助输送，浇筑时采用分层浇筑推进法，每层浇筑不超过 50cm。

2 号墩承台浇筑共布置 2 个中心布料点，6 个溜槽自卸点。中心布料点料斗采用型钢支撑在围堰顶层内支撑上固定，料斗顶口标高不超过 +7.0m，确保溜槽有足够倾斜度。承台混凝土浇筑前期主要通过溜槽自流，后期通过汽车泵补料。混凝土分层、分区布料，每层厚度不大于 50cm，每个布料点用 2 根 50 振捣棒分层振捣密实，如图 3-44～图 3-46 所示。

图 3-44　2 号墩承台首层浇筑设备布置图

图 3-45　2 号墩承台混凝土凿毛

图 3-46 2 号墩承台第二层混凝土浇筑

3.3.3.5 大体积混凝土温控措施

跨江引桥承台属于大体积混凝土，要采取温控措施，在承台内埋设冷却水管。冷却水管采用直径为 $\phi 40 \times 2.5$mm、具有一定强度、导热性能好的钢管制作，90° 弯头采用弯管机冷弯而成，管间连接及进出水口采用钢管丝口连接。

根据承台结构特点以及温控要求，冷却水管在水平、竖向按不同间距分层布设。矩形承台（以 2 号墩为例）、哑铃型承台（以 S19 号墩为例）冷却水管布置如图 3-46 所示。（施工时以温控单位正式签字图纸为准）2 号墩承台尺寸为 25m×17m×5.5m，承台分两次浇筑，竖向布置 5 层冷却水管，水平间距 80cm，竖向间距 80cm，水管距混凝土表面／侧面 70～90cm。实际施工时，当水管位置与构件劲性骨架冲突时可适当调整水管位置。

S19 号墩承台为哑铃形承台，尺寸为 41m×14m×4m（系梁尺寸：13m×7m×4m），承台分两次浇筑，竖向布置 2 层冷却水管，水平间距 100cm，竖向间距 100cm，水管距混凝土表面／侧面 100cm。实际施工时，当水管位置与构件劲性骨架冲突时可适当调整水管位置。

3.3.4 桥墩工程

3.3.4.1 概述

主桥、引桥桥墩采用翻模法施工，模板采用整体钢模板，每节长度 6m。桥墩施工时由履带式起重机配合安装模板、钢筋，跨江桥墩分节浇筑，最后一节浇筑时同挡块一同浇筑，垫石二次浇筑，桥墩混凝土采用输送泵泵送，并通过支架顶部施工平台及 $\phi 300$mm 串筒将混凝土下落至浇筑点，如图 3-47 所示，参数详见表 3-7。

图 3-47　n 字形桥墩

跨江引桥墩高参数　　　　　　　　　　　　表 3-7

墩号	桥墩	墩号	桥墩
2 号	圆端型 19.85m	S10	n 字形框架墩 15.597m
3 号	n 字形框架墩 32.8m	S11	n 字形框架墩 15.345m
S1	n 字形框架墩 23.427m	S12	n 字形框架墩 15.093m
S2	n 字形框架墩 22.251m	S13	n 字形框架墩 14.841m
S3	n 字形框架墩 21.075m	S14	n 字形框架墩 14.766m
S4	n 字形框架墩 19.899m	S15	n 字形框架墩 14.33m
S5	n 字形框架墩 18.723m	S16	n 字形框架墩 17.07m
S6	n 字形框架墩 17.65m	S17	n 字形框架墩 22m
S7	n 字形框架墩 16.984	S18	n 字形框架墩 21.604m
S8	n 字形框架墩 16.20m	S19	n 字形框架墩 21.565m
S9	n 字形框架墩 15.849m		

3.3.4.2　钢筋绑扎

桥墩使用钢筋在附近加工场集中制作，运至现场绑扎。钢筋使用前将表面油漆、漆皮、鳞锈等清除干净。在其加工时弯曲直径不小于 4d（d 为钢筋直径），在进行钢筋焊接时，单面焊接大于 10d，双面焊接大于 5d（d 为钢筋直径）。钢筋保护层的厚度用一定数量的专用垫块来满足，主筋采用螺纹套筒连接。

3.3.4.3　桥墩模板安装

模板采用厂家集中制作的定型钢模，要求有足够的强度、刚度和稳定性，模板板面平整。钢模板的面板变形不得超过 1.5mm，其钢棱变形不得超过 3.0mm。

钢筋绑扎完成后支立一级模板，模板的吊装选用 25t 起重机，采用人工配合起重机安装，模板采用对拉螺杆固定。

3.3.4.4 混凝土浇筑

桥墩混凝土浇筑采用汽车泵送混凝土浇筑。浇筑混凝土前应对基底、模板、钢筋、预埋件及各项机具、设备等进行检查。经监理工程师验收合格后，才能浇筑混凝土。

混凝土坍落度严格控制在配合比要求范围内，采用汽车泵输送。采用分层浇筑到顶，每层浇筑高度不超过 0.3m，浇筑速度小于 1.5m/h。混凝土浇筑前清除模板内杂物和积水，浇筑前确认桩顶完全凿毛并用水冲洗干净。为避免桥墩顶砂浆过多产生松顶和强度不均匀现象，采用清除表面浮浆进行二次振捣的方法处理。

混凝土的浇筑应连续进行，如因故必须间断时，其间断时间应小于前层混凝土的初凝时间或能重塑的时间。混凝土的运输、浇筑及间歇的全部时间不得超过混凝土初凝时间。在浇筑过程中特别要注意钢模的移位（用全站仪监测）和接缝的漏浆情况，整根立柱浇筑确保一次性连续完成。

3.3.4.5 混凝土养护及拆模

混凝土浇筑完成后，应在收浆后尽快予以覆盖和洒水养护。覆盖时不得损伤或污染混凝土的表面。桥墩钢模拆除时，混凝土强度应达到 2.5MPa 后方可拆除，不允许猛烈地敲击或强行撬除模板。拆模后柱身立即用塑料薄膜围罩，并用水定时养护。常温季节采用两层塑料薄膜包裹养护，湿润养护期不少于 7d。塑料布全柱缠裹进行养生，接缝处用胶带进行粘接，直至养生期结束，如图 3-48 所示。

图 3-48 拆模后的桥墩

混凝土浇筑完初凝后，立即覆盖洒水养生。养生期限不少于 7d。在混凝土强度达到设计标号的 70% 后，可拆除底模。拆模时用吊车，拆模时应遵循先支后拆，后支先拆的顺序。拆模时不允许用猛力敲打和强扭等粗暴的方法进行，保证混凝土系梁的外观质量。模板拆除后，应将其表面的灰浆、污垢清除干净，并应维修整理，分类妥善存放，防止其变形开裂。

3.4 南接线下部结构

3.4.1 深水裸岩区下部结构施工

深水裸岩区下部结构主要为 SR1 号～SR5 号墩、A11 号～A16 号墩、B2 号～B5 号墩、C1 号墩，共计 14 根桩和 16 个桥墩与承台。本区域桥墩与承台与跨江引桥下部结构施工方法一致，故本节仅阐述水中裸岩区桩基施工方法。

3.4.1.1 桩基施工

1. 概述

1）基本情况

道庆洲过江通道工程本标段水中裸岩区桩基主要为 SR1 号～SR5 号（30 根桩基）、A11 号～A16 号（24 根桩基）、B2 号～B5 号（16 根桩基）、C1 号（4 根桩基）。该区域地处乌龙江、闽江及白龙江的三江口，水深且流速大，最深水位为 10.5m，最大水流速度为 2.5m/s。此外，跨江引桥存在一段长约 200m 的裸岩区，该区域岩石强度高且坡度大，最高强度达到150MPa，斜岩最大坡度为 26°。道庆洲过江通道工程水中裸岩区桩基分布在 SR1 号～SR5号（30 根桩基）、A11 号～A16 号（24 根桩基）、B2 号～B5 号（16 根桩基）、C1 号（4 根桩基）墩位处，桩基总数为 74 根，见表 3-8。裸岩区桩基主要分布区域见图 3-49、图 3-50。

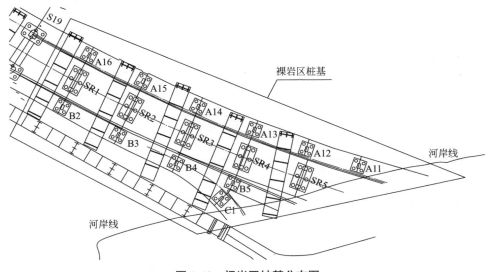

图 3-49 裸岩区桩基分布图

图 3-50 裸岩区桩基位置航拍图

裸岩区桩基参数表 表 3-8

编号	墩/台号	桩径（m）	根数（根）	桩类型	桩长（m）	嵌岩深度（m）
南接线主线	SR1	2.5（水中）	6	嵌岩桩	39	11
	SR2	2.5（水中）	6	嵌岩桩	28.5	14
	SR3	2.5（水中）	6	嵌岩桩	24	14
	SR4	2.5（水中）	6	嵌岩桩	21	15
	SR5	2.5（水中）	6	嵌岩桩	25.5	14
A匝道	A11	2（水中）	4	嵌岩桩	12	12
	A12	2（水中）	4	嵌岩桩	25	12
	A13	2（水中）	4	嵌岩桩	21	12
	A14	2（水中）	4	嵌岩桩	23	13.6
	A15	2（水中）	4	嵌岩桩	28	12
	A16	2（水中）	4	嵌岩桩	38	12.6
B匝道	B2	2（水中）	4	嵌岩桩	33	12.9
	B3	2（水中）	4	嵌岩桩	25	13.6
	B4	2（水中）	4	嵌岩桩	18.5	12.3
	B5	2（水中）	4	嵌岩桩	17	13
C匝道	C1	2（水中）	4	嵌岩桩	15	12
合计			74			

2）工程水文地质

河段潮型为正规半日潮，由于受山区性河口地形的影响，潮波反射作用强，潮差增大，涨潮历时短。受闽江入海口半日潮汐影响，水流变化复杂，退潮时道庆洲露出水面。

该区段水流属往复流，落潮时水流方向为由西向东，涨潮时变为由东向西。最大流速3m/s并有回流和紊流。最高潮位+6.31m，最低潮位−0.49m，其平均水平面2.73m。

通过地勘报告可知，裸岩区的具体地质条件见表3-9。

深水裸岩区地质条件描述 表3-9

裸岩区段	地质描述
SR1号~SR5号段	覆盖层为第四系全新统冲洪积层（Q^{4al}），主要分布在SR1号~SR2号区域，厚薄1.3~8.5m；中砂层下存在少量砂混淤泥，主要分布在SR1号处，厚薄0~2.7m；SR3号~SR4号无覆盖层；SR5号处存在少量杂填土覆盖层，厚薄0.5~2.9m；基岩以花岗片麻岩为主，工程性能好
A11号~A16号段	位于乌龙江水域，区段河床高程−4.4~−17.4m，覆盖层厚度1.4~11.1m，部分墩位基岩直接裸露于河床，覆盖层成分主要为松散状的砂夹淤泥、粉砂，局部夹薄层淤泥混砂，工程性能较差；临近码头的A11号墩有厚达7.1m左右的抛石，A13号~A15号墩基岩直接裸露于河床。基岩以侵入黑云母斜长花岗岩、花岗闪长岩为主，中、微风化基岩埋深−13.1~−56m，基岩强度高，岩石完整，工程性能好
B2号~B5号区段	河床标高−7.5~−15.9m，覆盖层厚度0.7~10.3m，部分墩位基岩直接裸露于河床，覆盖层成分主要为松散状的砂夹淤泥、中砂局部夹淤泥混砂，基岩以侵入黑云母斜长花岗岩、花岗闪长岩为主，基岩强度高、岩石完整，工程性能好
C1号墩	基岩直接裸露于河床，表部有厚度1m填石，基岩以侵入黑云母斜长花岗岩、花岗闪长岩为主，岩面高程−3.4~17.5m，基岩强度高、岩石完整，工程性能好

该项目水中裸岩区全部桩基嵌入基岩，桩基数量多、直径大，桩基施工位置岩层强度高、部分区域岩层坡度大、江水深度大且水流急，工期短，直接采用冲击钻施工，每根桩基成桩时间约75d，耗时长，严重影响施工进度。

3）工期安排

裸岩区桩施工总工期236d，裸岩区桩基检测随桩基施工同步进行，该工程水中裸岩区桩基施工采用两个作业队施工。南岸主线桥SR1号~SR5号施工完成后，进行A、B、C匝道裸岩区A11号~A16号、B2号~B5号、C1号的桩基施工，120d完成。

2. 施工流程

项目水中裸岩区全部桩基嵌入基岩，桩基数量多、直径大，桩基施工位置岩层强度高、部分区域岩层坡度大、江水深度大且水流急，工期短，直接采用冲击钻施工，每根桩基成桩时间约75d，耗时长，严重影响施工进度。考虑上潜孔钻+冲击钻；其余每个墩位处上1台JK590D潜孔钻和2台CJF-20冲击钻机配合使用（根据桩径不同冲击钻选用CJF-20型及CK2500型两种）。不考虑钢平台倒用。

高强度裸岩区钻孔灌注桩施工采用双护筒+潜孔钻+冲击钻的形式，如图3-51所示。在施工时首先要考虑的是钢护筒的稳定性。为此，采用大护筒套小护筒，小护筒跟进工艺，先通过大的冲击钻头冲击河床形成圆形岩坑，下放外护筒，进行简单的固定和堵漏；再下放内护筒，浇筑混凝土进行固定，并防止漏浆。其次，为解决冲击钻在高强度裸岩区钻进效率低的问题，施工时采用潜孔钻钻孔，形成"蜂窝煤"孔，破坏整体坚硬的岩层，增加冲击钻钻进时的临空面，提高钻进效率。同时，为保护潜孔钻钻杆，保证潜孔钻钻进效率及钻渣的排放，研发一种安全、稳定并且可周转的潜孔钻导向架。最后，进行常规的冲击钻施工、钢筋笼下放及水下混凝土的浇筑。

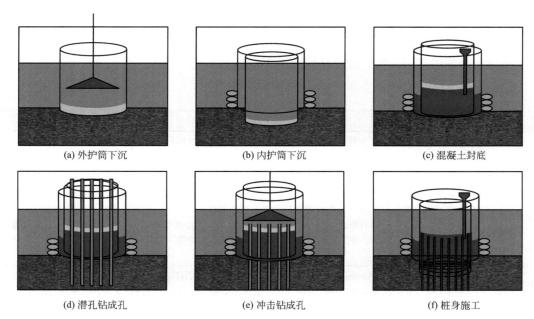

(a) 外护筒下沉   (b) 内护筒下沉   (c) 混凝土封底

(d) 潜孔钻成孔   (e) 冲击钻成孔   (f) 桩身施工

图 3-51 双护筒 + 潜孔钻 + 冲击钻叠合成孔示意

3. 钢平台搭设

为桩基施工提供钻孔平台。桩位轴线采取在钢平台上设十字控制网、基准点，桩位轴线方向偏差为 ±50mm。按照放出的孔位，对钢平台 10mm 面板切割成孔，形成钢护筒下放孔位。做好测量放样，保证桩基孔位精度。

双护筒下放前，依据测量定位位置割除平台桩位钢板，并做好定位架的安装固定，确保准确定位。提前规划好履带吊的位置，保证平台处于较好的受力状态，防止受力不均引起钢平台面板变形。

4. 潜孔钻施工

考虑到 SR1 号～SR5 号、A11 号～A16 号、B2 号～B5 号、C1 号墩位处桩基实际情况，为满足节点要求，裸岩区桩基全部采用双护筒 + 潜孔钻 + 冲击钻施工工艺。潜孔钻导向架实物图及示意图如图 3-52、图 3-53 所示。该装置直径与桩基直径基本相同，且其

图 3-52 潜孔钻导向装置现场施工图

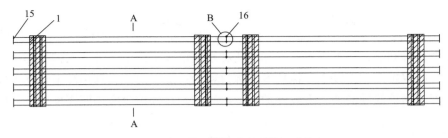

图3-53　潜孔钻导向架结构示意图

由成孔钢管、曲面钢板、法兰盘以及连接构件组成。成孔钢管成圆环形式布置，每圈的成孔钢管通过铁块、角钢与内外侧的曲面钢板焊接成整体。中心成孔钢管与内圈圆环、内圈圆环与外圈圆环通过角钢焊接成一个架体，如图3-54所示。该导向架装置的成孔圆环端部均含有法兰小圆环，当长度不够时可以通过法兰圆盘进行接长。该导向架的应用既可以起到保护钻杆的作用，又可以起到引导、定位钻头。

潜孔钻成孔钢管直径为0.15m，成孔钢管由内往外布置2圈，其中心布置1个，内圈布置6个，外圈布置12个，总孔数为19个。导向架外侧布置4圈10mm曲面钢板，钢板间通过L80×6mm角钢连接，此外钢管与曲面钢板通过角钢、长方体铁块连接，铁块长度为30cm，宽度4cm，高度6cm。每根成孔钢管的端部均装有连接法兰，当导向架长度不够时可以通过法兰盘进行接长。

潜孔钻钻机钻性能参数表见表3-10。

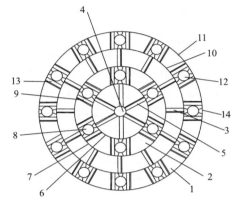

图3-54　潜孔钻导向架截面示意图

1—内支撑架；2—外支撑架；3—外支撑连接件；4—内层导向管；5—内支撑连接件；6—第一内支撑环；7—第一外支撑环；8—中层导向管；9—第一定位件；10—第二内支撑环；11—第二外支撑环；12—外层导向管；13—第二定位件；14—导管支撑连接件；15—法兰盘；16—螺栓

潜孔钻机参数表　　　　　　　　　　　　　　　　　　　表3-10

项目	单位	参数
钻孔直径	mm	90～165
钻孔深度	m	50
行走速度	km/h	2～3
适应岩石硬度	—	F=6—20
换杆长度	m	3
外形尺寸	mm	6900×2200×2200
爬坡坡度	(°)	24
整机功率	kW	内燃70/电动30
重量	kg	6100

5. 双护筒施工

针对钢护筒在高强度裸岩或斜岩河床上埋设时常出现的钢护筒底口卷边、筒底口漏浆、护筒滑移等问题，根据现场的实际地质和水文情况提出了一种"大护筒套小护筒，小护筒跟进"的双护筒施工技术。该技术实施过程为：测量定位，利用冲击钻钻出较大直径的圆坑；安装钢护筒导向架，下放外护筒；抛砂袋，在外护筒底端四周堆砌砂袋墙进行堵漏；内护筒安装，其平面位置应满足规范要求；内护筒内浇注水下混凝土，最终使内外护筒内的混凝土面形成一定的高差。该技术不仅能解决上述问题，还能提高钢护筒的下放精度和效率。

双护筒施工现场如图3-55所示，具体施工步骤如下：

1）下放外护筒

测量确定护筒定位架的平面位置，首先安装护筒定位架，调整好定位架位置，履带式起重机起吊外钢护筒下放到河床位置，其次，冲击钻钻机就位，采用钻头直径大于桩基直径的锤头冲击河床，在冲击过程中加入少量泥浆，直至形成约深的圆形岩坑，利用空气压缩机取出渣样，移开钻机，履带式起重机就位下放内护筒至岩坑底部。

2）外护筒堵漏和固定

潜水员下水，摸清外护筒周边情况，清除异物。在外护筒底端四周堆砌（或抛投）高的砂袋，砂袋堆砌严密，达到堵漏和固定外护筒的效果。

3）下放内护筒

采用同样的方法，起吊下放内侧钢护筒，下放后的钢护筒平面位置的偏差，一般不大于5cm，护筒倾斜度的偏差应不大于1%，最终下放的内侧钢护筒满足水平位置跟垂直度要求。

4）内护筒堵漏和固定

为确保内、外护筒的稳定，同时防止在冲击钻钻进过程中发生漏浆现象。在内护筒下放到位后，下导管在内护筒内侧浇筑水下C30混凝土。

(a) 外护筒下沉　　　　　　　(b) 内护筒下沉　　　　　　　(c) 混凝土封底

图3-55　双护筒施工现场图

浇筑过程中可微量提升内护筒的高度，直至外护筒混凝土面高达到2m，内护筒混凝土面高达到3m时停止灌注，待水下混凝土达到一定强度，开始下步桩基钻进施工。

6. 潜孔钻＋冲击钻组合施工

裸岩上钻孔灌注桩中的潜孔钻和冲击钻组合施工过程为：设计制作潜孔钻导向架并安

装固定在钢护筒上；潜孔钻就位取芯成孔，使岩层形成含有若干孔洞的蜂窝状岩体；冲击钻机就位，利用冲击钻锤头的冲击力使蜂窝状岩体形成碎裂的岩块；采用泥浆正循环高压快速清孔，并用泥浆分离器分离钻渣。该组合施工技术能克服单一冲击钻施工进尺慢以及旋挖施工钻耗电量大的问题，能在确保经济质量的前提下加快施工进度。

潜孔钻+冲击钻组合施工现场如图 3-56 所示，步骤如下：

水下混凝土浇筑完成后，下放潜孔钻导向架并焊接固定。

潜孔钻机就位，待水下混凝土达到设计强度后，潜孔钻钻进直至达到桩底设计标高以下 0.5m 为止。潜孔钻钻进后，最终形成一含有 19 个孔洞的蜂窝状岩体。

撤出潜孔钻，冲击钻机就位，利用 ϕ2.5m 的钻头冲击蜂窝状岩体，采用泥浆正循环高压快速清孔，并用泥浆分离器分离钻渣。

钻孔达到设计标高后，对孔位、孔径、孔深、孔形和孔底地质情况等进行检查，孔位偏差均未大于 5cm，倾斜度不大于 5‰。移开钻机，下放钢筋笼，浇筑桩基混凝土至设计标高。

(a) 潜孔钻成孔

(b) 冲击钻成孔

(c) 桩身施工

图 3-56 潜孔钻+冲击钻组合施工

技术指标：在内护筒内焊接安装潜孔钻导向架，潜孔钻就位取芯成孔，取芯圆之间距离为 130mm，依次钻取外周及内部岩芯，之后桩芯体沿外围便形成一个环形并含有 19 个直径为 130mm 的蜂窝状岩体。冲击钻在护筒内钻进时，以 50cm 小冲程钻进，直至穿过护筒底口 1m 以下后，逐步进入正常钻进施工。钻孔达到设计标高后，对孔位、孔径、孔深、孔形和孔底地质情况等进行检查，孔位偏差均未大于 5cm，倾斜度不大于 5‰。

7. 钢筋笼制作、钢筋笼下放与混凝土浇筑

裸岩区桩基钢筋笼制作、下放与混凝土浇筑施工工艺与跨江引桥桩基施工工艺相同，此处不再赘述。

3.4.1.2 钢围堰施工

1. 围堰设计

SR1 号~SR5 号南接线桥墩承台施工采用双壁钢吊箱围堰施工工艺，围堰主要作为承台施工时的挡水和模板结构。围堰包括壁体、内支撑、底板、导向装置等结构。

围堰内轮廓尺寸为承台尺寸四边外扩 200mm，为 16.9m×10.8m，外轮廓尺寸为 19.9m×13.8m，围堰壁体厚度 1.5m，底标高 −6m，壁体总高度 13.5m，在围堰内设置两层内支撑。封底混凝土厚度为 1.0m。

SR1 号墩～SR5 号墩承台双壁钢吊箱平面设计图如图 3-57 所示。

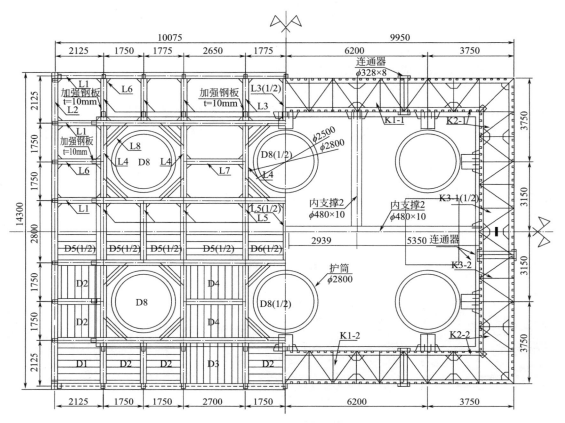

图 3-57　SR1 号～SR5 号钢围堰平面布置图

2. 施工流程

SR1 号～SR5 号钢吊箱采用浮吊整体吊装，吊钩共一个，在壁体顶部设置 8 个吊耳，分别位于隔舱板顶端位置，吊点附近采用 10mm 钢板补强，如图 3-58 所示。

流程 1：桩基施工完成→拆除钻孔平台→割除钢护筒至标高→驳船运输围堰就位→浮式起重机起吊钢围堰→驳船退离→浮式起重机前移下放钢围堰至自浮。

流程 2：围堰侧板顶端安装挂腿。

流程 3：围堰夹壁内注水，注水下沉至设计标高并保持自浮。下沉过程中，连通器一直保持打开状态。

流程 4：清理钢护筒周壁，将撑杆与钢护筒进行焊接完成后，水下浇筑 C30 封底混凝土 2.0m。封底混凝土达到设计强度后，关闭连通器，围堰内抽水，夹壁水位控制在 0.5m 左右。

流程 5：沿护筒四周凿封底混凝土 42cm，将抗剪板与钢护筒进行焊接。

流程 6：割除钢护筒，清理桩头，绑扎钢筋，浇筑承台。

流程 7：承台达到一定强度后，进行内支撑体系转换为角撑＋系梁横撑，以便桥墩施工。

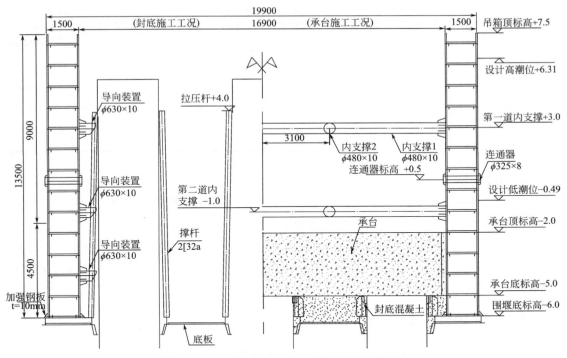

图 3-58　SR1 号 ~ SR5 号钢围堰横立面布置图

裸岩区围堰制作与运输、下放、吸泥下沉与跨江引桥围堰施工工艺相同，此处不再赘述。

1）围堰封底

水中承台钢围堰封底均采用水下整体斜面推进法封底工艺，采用 2 套或 1 套导管从上游侧向下游侧推进，一次性封底到位。水中承台钢围堰封底混凝土相关参数见表 3-11。

裸岩区承台钢围堰封底混凝土参数统计表　　　　　　　　　　表 3-11

墩位	封底厚度（m）	方量（m³）	封底速度（m³/h）	时间（h）	标号
SR1 号 ~ SR5 号	1	183×5=915	80（2 台 HZS120 站，8 辆罐车）	2	C30
匝道	1	78×11=858	80（2 台 HZS120 站，8 辆罐车）	1	

钢围堰封底混凝土最多由 2 座 HZS120m³/h 搅拌站生产，配置 10 台 10m³ 混凝土罐车运送到施工现场。

SR1 号~SR5 号承台围堰封底与跨江引桥围堰施工类似，以 SR1 号为例介绍，共布置 13 个封底点，首封点由 1 台 37m 臂长汽车泵进行首封。首封点浇筑直至设计标高后，由 1 台 48m 臂长汽车泵、1 套封底导管按照由上游侧至下游侧整体斜面推进顺序二次封底，见表 3-12。

封底顺序从下游侧往上游侧推进，布置 1 个首封点，采用拔塞法进行。

首封混凝土方量统计表 表 3-12

墩位	高水位	封底标高（m）	H_0（m）	H_c（m）	H_w（m）	h_1（m）	首封方量（m³）
SR1 号	6.3	-6	12.3	1	11.97	4.9	17.0
SR2 号	6.3	-6	12.3	1	11.97	4.9	17.0
SR3 号	6.3	-6	12.3	1	11.97	4.9	17.0
SR4 号	6.3	-6	12.3	1	11.97	4.9	17.0
SR5 号	6.3	-6	12.3	1	11.97	4.9	17.0

3. 围堰抽水

封底混凝土强度达到设计强度的 90% 时，在低水位封闭钢围堰壁体上的连通器。进行钢围堰内抽水工作，布置 6 台功率 15kW，扬程 30m 潜水泵同时作业。钢围堰抽水时，围堰朝最不利状况转变，应注意观察围堰壁体及钢管支撑的变形情况，若发生较大变形应立即停止抽水，查明原因并解决后方可继续施工。抽水过程中局部会有漏水，应边堵漏边抽水，直至围堰内水抽完。

3.4.1.3 承台及墩身施工

SR1 号墩～SR4 号墩承台厚度为 3m，SR5 号承台厚度为 3.75m，承台混凝土施工一次浇筑成型。桩头凿除、承台钢筋绑扎和混凝土浇筑与 S17 号墩、S18 号墩基本一样，此处不再赘述。

3.4.2 陆域区下部结构施工

陆域区下部结构施工主要包括 SR6 号墩～SR36 号墩、A10 号墩～A0 号墩、B6 号墩～B21 号墩、C2 号墩～C11 号墩匝道的桩基施工、承台施工、墩柱施工、系梁及盖梁施工。

3.4.2.1 桩基施工

1. 概述

陆域桩基共有 317 根，分别为南岸接线主桥陆域桩基共有 188 根，A 匝道陆域桩基 40 根，B 匝道陆域桩基 56 根，C 匝道陆域桩基 33 根，见表 3-13。

陆域桩基参数表 表 3-13

编号	墩/台号	桩径（m）	根数（根）	单根长（m）
1	SR6	2.5	6	30
2	SR7	2.5	6	44
3	SR8	2.5	6	56
4	SR9	2.5	6	49.5
5	SR10	2.5	6	51
6	SR11	2.5	6	54

编号	墩/台号	桩径（m）	根数（根）	单根长（m）
7	SR12	2.5	6	54.5
8	SR13	2.5	6	52
9	SR14	2.5、1.5	8	48.5、49.5
10	SR15	2.5	6	51
11	SR16	2.5	6	46
12	SR17	2.5	6	51、47
13	SR18	2.5	6	49
14	SR19	2.5	6	48
15	SR20	2.5	6	40
16	SR21	2.5	6	31.5
17	SR22	2.5	6	16.5
18	SR23	2.5	6	15.5
19	SR24	2.5	6	23、19
20	SR25	2.5	6	22
21	SR26	2.5	6	32.5
22	SR27	2.5	6	38.5、40
23	SR28	2.5	6	49.5
24	SR29	2.5	6	53.5
25	SR30	2.5	6	64
26	SR31	2.5	6	63.5
27	SR32	2.5	6	64、57
28	SR33	2.5	6	42.5、46.5
29	SR34	2.5	6	34
30	SR35	2.5	6	19.5、25.5
31	SR36	2.5	6	15
32	A0	1.2	6	60.5
33	A1	1.2	4	59
34	A2	1.2	4	61
35	A3	1.8	2	62
36	A4	1.2	4	62
37	A5	1.2	4	61
38	A6	1.8	2	54.5
39	A7	1.2	4	59.5
40	A8	1.8	2	60.5
41	A9	1.2	4	62

续表

编号	墩/台号	桩径（m）	根数（根）	单根长（m）
42	A10	1.2	4	36
43	B6	1.2	4	27.5
44	B7	1.2	4	30.5
45	B8	1.8	2	46
46	B9	1.2	4	54.5
47	B10	1.2	4	47.5
48	B11	1.8	2	47
49	B12	1.8	4	47
50	B13	1.8	4	52
51	B14	1.8	2	45.5
52	B15	1.2	4	39.5
53	B16	1.2	4	39
54	B17	1.8	2	39.5
55	B18	1.2	4	40
56	B19	1.2	4	42
57	B20	1.2	4	41.5
58	B21	1.2	4	39
59	C2	1.2	4	17
60	C3	1.8	2	16.5
61	C4	1.2	4	22.5
62	C5	1.2	4	15
63	C6	1.8	2	13
64	C7	1.2	4	14.5
65	C8	1.2	4	12
66	C9	1.8	2	12
67	C10	1.2	4	12
68	C11	1.8	3	12
合计			317	

2. 施工安排

工程陆域桩基施工采用两个作业队施工，桩基施工总工期754d。

陆域桩基317根桩，桩基施工共两个作业队，一个作业队施工南接线桥桩基，一个作业队施工A、B、C匝道桩基。国道316（原省道203）施工完成后开始进行陆域桩基施工，SR6号～SR36号分8个工作面，投入18台冲击钻共同施工。南岸接线桥桩基进行施工的同时，投入11台冲击钻进行A匝道陆域桩基的施工。A匝道桩基施工完工后进行B6

号~B10号钻孔桩的施工，该阶段钻孔桩施工投入3台冲击钻。SR6号~SR36号桩基完工后开始施工C4号~C11号桩基，本阶段投入7台冲击钻。B11号~B21号桩基施工投入11台冲击钻；匝道共设置4个作业面，岸上考虑CK2000、CK2500普通冲击钻机，见表3-14。

机械设备配备表　　　　　　　　　　　　　　　　　　　表3-14

序号	机械设备名称	单位	数量
1	冲击钻（JK10、JK8）	台	29
2	混凝土罐车（10m³）	台	12
3	装载机	台	4
4	挖掘机	台	10
5	汽车式起重机	台	30
6	100t履带式起重机	台	11
7	发电机组	组	8
8	泥浆泵（QW-2）	台	58
9	平板运输车	台	6
10	泥浆池	台	29
11	泥浆运输车	台	15
12	泥浆分离器	个	15
13	洒水车	辆	4
14	数控钢筋弯曲机（G2L32E）	台	1
15	数控钢筋矫直切断机（GT5-12W）	台	1
16	数控钢筋弯箍机（WG12D-4）	台	1
17	直螺纹套丝机	台	1
18	数控滚焊机（HL2000C-12）	台	2
19	交流电焊机	台	6

3. 护筒埋设

为固定桩位，引导锤头方向，保证孔内水位一定高度，保护孔壁免于坍塌，在现有自然地面每桩孔位置，机械挖孔后做钢护筒。护筒长度不小于2m，遇特殊地质情况时适当增加。护筒直径比桩径大20cm以上，护筒埋设采用机械吊放辅助人工放置，确保水平位置和垂直度、内径准确无误，护筒顶高出地面30cm以上。

4. 泥浆制备

施工前应进行泥浆循环系统的布置。泥浆循环系统由泥浆池、循环池、泥浆泵、泥浆搅拌设备、泥浆分离器组成。泥浆池、沉淀池应及时清理，泥浆用水采用饮用水，通过洒水车运输到施工场地。

每台钻机需配置一套泥浆循环系统，本次施工考虑采用装配式泥浆池，泥浆池尺寸为长×宽×高=4.5m×2m×1.5m。

泥浆各项性能见表3-15。

泥浆性能技术指标 表3-15

序号	主要性能指标	取值范围
1	泥浆比重	1.03～1.1
2	稠度	17～20
3	含砂率	≤2%

5. 钻孔施工

钻机就位前，应对冲孔前的各项准备工作进行检查。钻机中心与钢护筒中心位置偏差不得大于20mm。冲孔过程中，要根据不同的土层分别调整冲程及泥浆比重等钻进参数，并保持护筒内必要的水头高度值。

冲程：一般在通过坚硬密实卵石层或基岩漂石之类的土层时，宜采用高冲程，即100～200cm；在通过松散砂、砾类或卵石夹土层时，宜采用中冲程，即100～200cm；在通过易坍塌或流沙土层时，宜采用小冲程，即50～100cm。保持高频率，反复冲砸。在任何情况下，最大冲程不宜超过6m。

泥浆黏度：一般情况下，泥浆比重应控制在1.03～1.1之间。在易坍塌或流沙段应提高泥浆的黏度和相对密度。冲孔泥浆采用优质黏土在孔内制备。

冲孔过程中，防止卡钻、冲坏孔壁或使孔壁不圆。经常进行孔径及倾斜度以及桩位中心检查，发现偏差及时纠正。

冲孔过程中，做好详细记录，注意地质分层部位的取样鉴别工作，并妥善保存。与原设计钻探资料作比较，如差别明显，应进行桩承载力的重新验算，并将验算结果的资料及时报告监理工程师复核，以确定最终终孔深度。

桩孔冲至设计标高后，对成孔的孔径、孔深和倾斜度等进行检查，满足设计要求后报请监理工程师进行终孔检验，并填写终孔检验记录。

陆域桩基施工地质第一层为填石，填石厚度达到6～10m左右，为防止冲击过程中出现塌孔，可选择大直径钢护筒、埋深2m并在此护筒内套桩基护筒；一边冲击一边桩基护筒下沉；同时采用黏土泥浆。待穿过填石层后，桩基钢护筒停止下沉。

6. 钢筋笼制作、运输与吊放

1）钢筋笼制作与声测管安设

根据钢筋笼的设计直径、间距、长度和数量计算主筋分段长度和箍筋下料长度。将所需钢筋调直后，按计算长度切割备用。

钢筋笼骨架在钢筋加工厂采用高效率数控滚焊机制作，确保钢筋笼制作的误差低于规范要求，再由平板运输车运至现场。在绑扎焊接时、箍筋加密区不得进行纵向钢筋连接，鉴于本桥岸上钻孔桩为端承桩，孔深桩长，须分段绑扎、分段焊接。钢筋笼加工长度按照12m一节加工，吊入时从钢筋加工厂运至桩位再整体接长。吊装时保证主筋平放在同一水平面上，确保钢筋笼骨架的竖直度。主筋连接按照设计要求采用机械连接。主筋与加强箍筋采用点焊连接，主筋与螺旋箍筋采用点焊连接。

2）钢筋骨架的存放、现场吊装

钢筋笼吊装时，先由平板车运输至现场，在安装钢筋笼时采用三点起吊。第一吊点设在骨架的下部；第二吊点设在骨架长度的中点到三分之一点之间；第三吊点设在钢筋骨架最上端的定位处。

7. 混凝土施工

桩基混凝土浇筑与水上桩基混凝土施工流程基本一致，此处不再赘述。

3.4.2.2 承台施工

1. 概述

陆上承台施工共73个，其中南接线桥承台37个，A匝道承台11个，B匝道承台16个，C匝道承台9个，见表3-16。

承台参数表　　　　　　　　　　　　　　　　表3-16

编号	承台（m）	承台顶（m）	封底（m）	垂直开挖高度（m）	放坡开挖高度（m）	封底厚度（m）	侧墙高度（m）
SR6	10.4×16.5×3	+5	0.8	5.106	0.00	1	4.73
SR7	10.4×16.5×3	+5.5	1.3	4.817	0.00	1	4.23
SR8	10.4×16.5×3	+5.8	1.6	4.832	0.00	1	3.93
SR9	10.4×16.5×3	+6	1.8	4.73	0.44	1	3.73
SR10	10.4×16.5×3	+4.7	0.3	5.953	0.00	1.2	5.03
SR11	10.4×16.5×3	+4.9	0.5	6.03	0.02	1.2	4.83
SR12	9.4×9.4×3	+4.7	0.5	6.03	0.34	1	5.03
SR12	9.4×4.1×3	+4.7	0.5	6.03	0.34	1	5.03
SR13	9.4×9.4×3	+4.6	0.6	5.93	1.32	0.8	5.13
SR13	9.4×4.1×3	+4.6	0.6	5.93	1.32	0.8	5.13
SR14	9.4×4.1×3	+4.6	0.6	5.93	1.25	0.8	5.13
SR14	9.4×4.1×3	+4.6	0.6	5.93	1.25	0.8	5.13
SR14	6.3×6.3×2	+4.6	1.6	4.93	1.25	0.8	4.13
SR15	9.4×4.1×3	+4.6	0.6	5.93	0.12	0.8	5.13
SR15	9.4×9.4×3	+4.6	0.6	5.93	0.12	0.8	5.13
SR16	9.4×4.1×3	+4.8	0.6	5.9	0.00	1	4.93
SR16	9.4×9.4×3	+4.8	0.6	5.9	0.00	1	4.93
SR17	14.5×13.7×3	+4.9	0.5	5.943	0.00	1.2	4.83
SR18	14.5×13.7×3	+5.3	0.9	5.63	0.08	1.2	4.43
SR19	14.5×13.7×3	+5.5	1.1	5.421	0.00	1.2	4.23
SR20	14.5×13.7×3	+5.6	1.4	5.13	0.31	1	4.13
SR21	14.5×13.7×3	+5.8	1.6	4.93	0.22	1	3.93
SR22	14.5×13.7×3	+5.9	1.7	4.83	0.44	1	3.83

续表

编号	承台（m）	承台顶（m）	封底（m）	垂直开挖高度（m）	放坡开挖高度（m）	封底厚度（m）	侧墙高度（m）
SR23	14.5 × 13.7 × 3	+6.0	1.8	4.73	0.73	1	3.73
SR24	14.5 × 13.7 × 3	+5.8	1.6	4.93	0.89	1	3.93
SR25	14.5 × 13.7 × 3	+6.2	2	4.53	0.62	1	3.53
SR26	14.5 × 13.7 × 3	+6.4	2.2	4.33	0.72	1	3.33
SR27	14.5 × 13.7 × 3	+6.5	2.3	4.23	0.91	1	3.23
SR28	14.5 × 13.7 × 3	+6.7	2.5	4.03	0.31	1	3.03
SR29	14.5 × 13.7 × 3	+6.9	2.7	3.83	0.98	1	2.83
SR30	14.5 × 13.7 × 3	+7.3	3.1	3.43	1.09	1	2.43
SR31	14.5 × 13.7 × 3	+7.9	3.7	2.83	1.20	1	1.83
SR32	14.5 × 13.7 × 3	+8.6	4.4	2.5	1.19	1	1.5
SR33	14.5 × 13.7 × 3	+9.5	5.8	2	1.23	0.5	1.5
SR34	14.5 × 13.7 × 3	+10.5	7.3	1.5	2.02	0	1.5
SR35	14.5 × 13.7 × 3	+11.7	8.5	1.5	1.88	0	1.5
SR36	14.5 × 13.7 × 3	+12.9	9.7	—	3.68	0	3.482
A0	12 × 4.6 × 1.5	+5.4	3.2	3.159	0.00	0.5	2.83
A1	6.3 × 6.3 × 2	+5.3	2.6	3.93	0.01	0.5	3.43
A2	7.5 × 3 × 2.5	+5.2	2	4.53	0.43	0.5	4.03
A3	3 × 7.5 × 2.5	+5.2	2	4.53	2.04	0.5	4.03
A4	6.3 × 6.3 × 2.0	+5.5	2.5	4.03	6.19	0.5	3.53
A5	7.5 × 3 × 2.5	+5.5	2.3	4.23	0.45	0.5	3.73
A6	3 × 7.5 × 2.5	+5.6	2.4	4.13	0.11	0.5	3.63
A7	6.3 × 6.3 × 2	+5.6	2.9	3.299	0.00	0.5	3.13
A8	3 × 7.5 × 2.5	+5.8	2.6	3.93	1.12	0.5	3.43
A9	6.3 × 6.3 × 2	+5.6	2.9	3.35	0.00	0.5	3.13
A10	6.3 × 6.3 × 2	+3.7	1	3.499	0.00	0.5	5.03
B7	6.3 × 6.3 × 2	+7.0	4.3	2.23	5.95	0.5	1.73
B8	3 × 6.6 × 2.2	+5.9	3	3.53	0.12	0.5	3.03
B9	4.8 × 4.8 × 2	+7.3	4.6	1.93	0.43	0.5	1.43
B10	4.8 × 4.8 × 2	+6.1	3.4	3.13	0.94	0.5	2.63
B11	7.5 × 3 × 2.5	+5.9	2.7	3.83	0.61	0.5	3.33
B12	7.5 × 7.5 × 2.2	+5.688	2.788	3.742	0.63	0.5	3.242
B13	7.5 × 3 × 2.5	+6.2	3	3.53	0.16	0.5	3.03
B13	7.5 × 3 × 2.5	+6.2	3	3.53	0.16	0.5	3.03
B14	7.5 × 3 × 2.5	+4.8	1.6	4.486	0.00	0.5	4.43

续表

编号	承台（m）	承台顶（m）	封底（m）	垂直开挖高度（m）	放坡开挖高度（m）	封底厚度（m）	侧墙高度（m）
B15	7.5×3×2.5	+5.6	2.4	3.499	0.00	0.5	3.63
B16	6.3×6.3×2	+4.5	1.8	3.622	0.00	0.5	4.23
B17	7.5×3×2.5	+4.5	1.3	4.739	0.00	0.5	4.73
B18	7.5×3×2.5	+4.6	1.4	4.945	0.00	0.5	4.63
B19	7.5×7.5×2.2	+5.9	2.9	3.435	0.00	0.5	3.13
B20	7.5×3×2.5	+5.577	2.7	3.83	0.02	0.5	3.33
B21	9×4.6×1.5	+5.577	3.377	3.153	0.20	0.5	2.653
C2	4.8×4.8×2.0	+7	4.3	2.154	0.00	0.5	1.73
C3	6.6×3.0×2.2	+7	4.1	2.43	7.71	0.5	1.93
C4	4.8×4.8×2	+7	4.3	2.23	11.03	0.5	1.73
C5	4.8×4.8×2	+7	4.3	2.23	5.35	0.5	1.73
C7	4.8×4.8×2	+9.8	7.6	0	6.05	0	0
C8	6.6×3×2.2	+10.2	7.8	0	7.12	0	0
C9	6.6×3×2.2	+10.6	8.2	0	7.28	0	0
C10	11.5×3×2.0	+10.9	8.7	0	2.87	0	0
C11	4.8×4.8×2	+11.3	9.1	—	0.43	0	0.226

2. 施工安排

1）施工进度

该工程陆地承台施工采用两个作业队施工，见表3-17。

陆地承台施工进度表 表 3-17

序号	项目	工期
1	SR6～SR36	165
2	A0～A10	69
4	C2～C11	118
5	B6～B10	647
6	B11～B21	65

陆地承台施工共两个作业队，一个作业队施工 SR6～SR36 承台，一个作业队施工 A、B、C 匝道承台。

2）机械设备配备

施工机械设备投入情况见表3-18。

设备投入表　　　　　　　　　　　　　　　表 3-18

设备名称	型号	单位	数量	用途
料斗或天泵	49m	台	2	用于承台混凝土浇筑
液压破桩机	SO-PZJ-13AI	台	1	用于桩头破除
潜水泵	扬程30m	台	4	用于基坑抽降水
普通扣式架管	ϕ48mm	m	2800	用于模板支撑
各型钢管扣件	与ϕ48配套	个	1600	用于承台模板支撑
钢筋镦粗机	TJDC-40	台	1	用于承台钢筋制作
插入式混凝土振捣器	（交流电 220V，ϕ50）	台	12	用于承台混凝土振捣
挖掘机	CLG220	台	3	承台开挖
长臂挖掘机	PC220-8	台	2	承台开挖
吊车	25t	台	3	模板安拆
平板车		辆	2	运输模板、钢筋
全站仪	NTS-332R4	台	1	测量放线
水准仪	DSZ1	台	1	测标高
模板		套	5	承台模板
直螺纹套丝机	TJTS-40	台	2	承台钢筋车丝
钢筋冷曲机	TJB2-32			钢筋弯折
液压炮头机	750	台	1	路面破除
钢筋调直切断机	TJGT5-12	台	1	钢筋加工
混凝土车	12m^3	辆	8	混凝土运输

3. 基坑开挖

1）概述

南接线承台基坑底部多为填石及抛石，导致钢板桩无法正常打拔，为保证基坑安全，开挖后采用混凝土封底及支护工艺进行防护。承台开挖完成后，承台底部采用 C30 混凝土进行封底，封底混凝土厚度根据验算结果进行设计，如图 3-59 所示。

基坑四周混凝土侧墙厚度为 0.4m，侧墙的高度以略高于设计高潮位 0.2m（兼顾挡土墙施工），部分承台底标高高于高潮位水位的，设置 1.5m 的侧墙作为挡土墙使用，确保施工过程中施工人员的安全。由于受到涨落潮和土压力的作用影响，对混凝土侧墙需进行配筋处理，采用双层双向钢筋，外侧纵向钢筋（靠土侧）ϕ16，间距 9cm，内侧纵向钢筋（远离土侧）ϕ10，间距 10cm；横向钢筋 ϕ10，间距 10cm。考虑到承台侧模施工所需工作面，每侧各预留 1m，基槽开挖宽度比承台设计尺寸外扩 1.4m。施工完成侧墙后，抽水进行承台施工。

SR36 号、C11 号靠近 S203 省道一侧车辆正在正常行驶，为保证基坑安全，采用垂直开挖＋侧墙支护形式，其余三面采用放坡开挖。

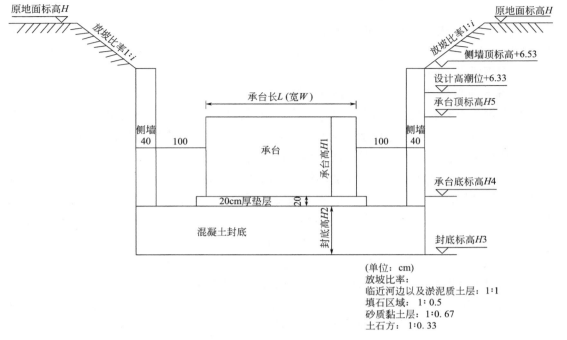

（单位：cm）
放坡比率：
临近河边以及淤泥质土层：1∶1
填石区域：1∶0.5
砂质黏土层：1∶0.67
土石方：1∶0.33

图 3-59 承台基坑开挖示意图

2）土石方开挖

承台路面破除完成后进行土石方开挖，基坑竖向分 3 层开挖，每层开挖承台高度应严格控制，不得超挖，标准分层高度为 1.5m，最大开挖承台分层高度为 2m，开挖过程中视开挖地层的土质不同采用不同的放坡坡率。

每层开挖时挖机由中心向两侧进行，开挖基坑边缘区土石方，应注意边坡土石方掉块。土石方外运时应注意避免损坏现有道路上围挡。

开挖出土石方采用自卸车运至指定弃土场，基坑开挖成形并达到设计标准后，尽快自检、监理验收，检验合格后立即进行封底及挡墙浇筑施工，以免基底暴露时间过长。

3）混凝土封底及侧墙施工

承台封底及侧墙采用 C30 混凝土，封底混凝土等于承台设计尺寸外扩 1.4m，在承台开挖四周边坡处设置侧墙，侧墙采用混凝土 C30，厚度为 40cm，侧墙高度略高于设计高潮位 0.2m（兼顾挡土墙施工），部分承台底标高高于高潮位水位的，设置 1.5m 的侧墙作为挡土墙使用。侧墙采用双层双向钢筋，外侧纵向钢筋（靠土侧）ϕ16，间距 9cm，内侧纵向钢筋（远离土侧）ϕ10，间距 10cm；横向钢筋 ϕ10，间距 10cm。侧墙混凝土浇筑应在封底混凝土浇筑完成后进行浇筑，并且预留侧墙的连接钢筋。在侧墙浇筑前进行混凝土面凿毛且清理干净后进行混凝土浇筑，侧墙浇筑采用钢模板作为浇筑模板。

承台开挖完成后，因承台底部标高低于乌龙江潮水水位，且基坑内地下水与乌龙江水相连通，承台底部采用混凝土封底后为了防止水从侧墙涌出，在承台四周浇筑略高于高潮位的混凝土侧墙。侧墙模板采用钢模板与 ϕ48mm×3.5mm 钢管支撑。侧墙模板只设置基坑内侧模板，与边坡的间距为 30cm，支撑间距为 2m/道。

4. 桩头破除及垫层浇筑

基坑开挖完成后需进行破桩头施工。首先使用风动工具将桩头清除至距设计桩顶 10～20cm 的位置，然后改为手工凿除直至设计桩顶标高，保证桩顶嵌入承台内的高度满足设计图纸要求 10cm。

5. 承台钢筋制作、绑扎与桥墩钢筋预埋

承台钢筋由专业作业队伍在钢筋厂制作，由承台作业队伍运至现场按照设计绑扎。

按照测量放线的位置进行承台钢筋绑扎，承台底层钢筋网在穿过桩顶处不得截断，可以适当调整承台钢筋位置。在基层面上挂出钢筋的外围轮廓线，并用油漆标出每根钢筋的平面位置。钢筋绑扎横平竖直，主筋的位置、尺寸，严格执行设计图要求。施工时采取有效措施，保证钢筋保护层的厚度，做到不漏筋、不少筋、不错位。钢筋接头错开布置，在接头长度区段内，确保同一根钢筋不出现两个接头，配置在接头长度区段内（35d 长度范围内）的受力钢筋，其接头截面面积占总截面面积的百分率小于 50%，Φ25 及以上钢筋搭接采用机械套筒连接。桥墩主筋伸入承台底并与承台钢筋焊接在一起。

在混凝土浇筑前需要将桥墩钢筋经过提前计算后进行下料加工预埋安装，下料时一定要按照实际墩高＋锚入承台内的钢筋高度＋钢筋焊接搭接长度作为下料长度，对承台以上部分预埋桥墩钢筋采用搭设脚手架进行临时固定，防止保护层不够的现象出现，桥墩主筋长短交错布置，以保证同一截面接头百分率不大于 50%。

6. 模板安装

模板采用组合钢模板，纵、横肋采用工字钢，在施工前进行详细的模板设计，以保证使模板有足够的强度、刚度和稳定性，能可靠地承受施工过程中可能产生的各项荷载，保证结构各部形状、尺寸的准确。模板要求平整，接缝严密，拆装容易，操作方便。

7. 混凝土浇筑

承台混凝土设计强度为 C35 混凝土，承台施工均属于大体积混凝土施工。承台由于结构厚、体积大和施工复杂等特点，除满足强度、耐久性等要求外，混凝土裂缝控制更是施工控制的重中之重。故采用一次整体浇筑和"大体积混凝土浇筑"施工技术，提高结构的整体性、抗渗性及抗震能力。

混凝土浇筑采用泵车灌注，分层灌注、分层振捣，一次整体浇筑成型，分层厚度宜为 30cm 左右，分层间隔灌注时间不得超过试验所确定的混凝土初凝时间，以防出现施工冷缝。浇筑速度要保持均匀，加强振捣，提高混凝土的强度，入模温度不宜超过 28°C（混凝土浇筑温度指振捣后在混凝土 50～100mm 承台处的温度）。

承台冷却管采用外径 40mm、壁厚为 2.5mm，承台每层有一个进水口，一个出水口，同时采用水泵抽水，保证冷却管进水口有足够的压力，进水管的水温相差 5～10℃之间，冷却管应保证不串浆、不漏水。安装完毕应做密水检查，保证注水时管道通畅，在混凝土养护完成后，冷却管内压入 C30 水泥砂浆。

8. 养护、拆模

混凝土浇筑完毕后转入养护阶段。对承台顶面进行修整，抹平定浆后，再一次收浆压光（桥墩处应凿毛），表面用草袋覆盖，洒水养护，当混凝土达到一定强度后拆模，并回填压实。

混凝土的保湿养护时间不小于 14d，对于重要工程或有特殊要求的混凝土，应根据环境湿度、温度、水泥品种，以及掺用的外加剂和掺合料等情况，酌情延长养护时间，并应使混凝土表面始终保持湿润状态。当气温低于 5℃时，应采取保温养护的措施，不得向混凝土表面洒水。当采用喷洒养护剂对混凝土养护时，所使用养护剂不会对混凝土产生不利影响，且应通过试验验证其养护效果。

防止混凝土开裂的一个重要原则是尽可能使新浇筑混凝土少失水分及内外温差控制在允许范围内（不大于 25℃）。

9. 回填施工

承台混凝土达到规范要求并经现场监理工程师检测合格后，立即进行分层回填并夯实；承台回填前首先拆除模板支撑。承台回填土时，砖、石、木块等杂物应清除干净，沟槽内不得有积水。承台基坑回填采用如下方式进行：承台顶以下 10cm 标高处至承台底标高采用砂回填，承台顶标高以下 10cm 至承台顶以上 30cm（共 40cm 厚）采用碎石回填，承台顶以上 30cm 处至原地面采用原土回填，若承台顶标高大于原地面标高时，则回填至原地面。

3.4.2.3 桥墩施工

1. 桥墩、系梁概况

陆域区桥墩包括南岸接线主线桥和 A、B、C 匝道共 63 个桥墩，墩型包括公轨两用 H 形墩、公路二柱与地铁并置型墩、公轨两用 Y 形墩、板式花瓶墩等，其中南岸接线主桥陆地桥墩共有 31（桥墩 69 个）个，A 匝道陆地桥墩 10（桥墩 10 个）个，B 匝道陆地桥墩 14 个（桥墩 16 个），C 匝道桥墩 9 个（桥墩 10 个），桥墩最大高度为 31.738m，最小高度为 2.429m。A、B、C 匝道与路面连接处分别有一个桥台。

南岸主线桥梁长度 1365.5m，其中桥墩共有 36 个（SR1 号～SR36 号），桥墩最大高度为 30.798m（SR1 号），最小高度为 19.262m（SR9 号）。其中，南岸接线主线桥 SR1 号墩～SR13 号墩、SR15 号墩～SR16 号墩为公轨两用 H 形墩；SR14 号墩为公路二柱与地铁并置型墩；SR17 号墩～SR36 号墩为公轨两用 Y 形墩，南岸接线桥 A、B、C 匝道桥桥墩为板式花瓶墩。

2. 承台与桥墩接触面凿毛、清洗、湿润

在前一现浇段浇筑完毕后，接触面需要凿毛，然后用水冲洗干净，使接触面湿润，方可进行下一段浇筑。

3. 桥墩劲性骨架安装

桥墩施工时，需要安装型钢劲性骨架对竖向主筋进行支撑及定位，如图 3-60 所示。

H 形墩的劲性骨架由竖向主桁架及定位横联构成，主桁梁竖杆及定位横联均采用等支角钢∠ 75mm×5mm，桁架、斜撑采用等支角钢∠ 50mm×5mm。Y 形墩的劲性骨架由竖向主骨架、定位横联、斜联构成均采用等支角钢∠ 75mm×10mm。

单个劲性骨架主桁架在后场制作，每节主桁架长 6m，经平板车运输至施工现场，采用 50t 汽车式起重机安装。首节劲性骨架焊接在承台预埋件上，埋件采用 1cm 厚钢板及锚筋（HRB400，16mm）制作。劲性骨架安装过程中应通过吊锤球等方式确保竖向主准点安装定位卡槽，确保桥墩保护层厚度满足设计要求，如图 3-61 所示。

图 3-60　H 形桥墩模板安装、 成型的 H 形桥墩

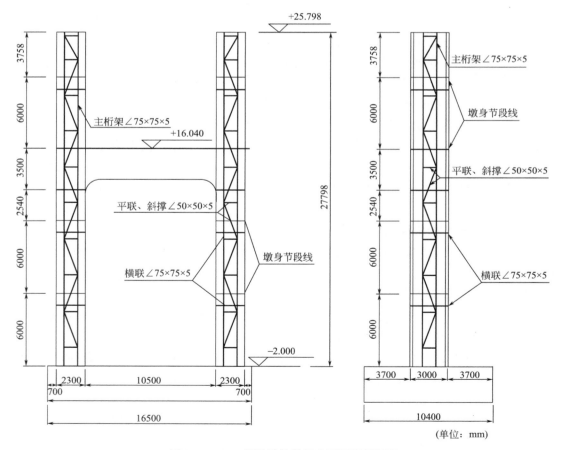

(单位：mm)

图 3-61　SR1 号墩劲性骨架立面图及侧视图

Y 形桥墩劲性骨架安装见图 3-62、图 3-63。

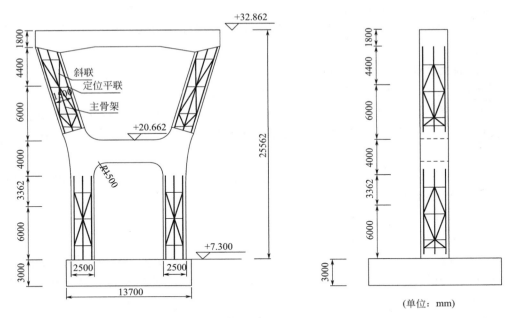

（单位：mm）

图 3-62　SR30 号墩劲性骨架立面图及侧视图

图 3-63　Y 形墩桥墩施工

4. 钢筋加工制作及安装

钢筋在附近加工场集中制作，运至现场绑扎。钢筋使用前将表面油漆、漆皮、鳞锈等清除干净。在其加工时弯曲直径不小于 $4d$（d 为钢筋直径），钢筋焊接均采用双面焊接，焊缝长度应大于 $5d$（d 为钢筋直径）。钢筋保护层的厚度用一定数量的专用圆柱形混凝土垫块来满足（垫块采用与桥墩同标号高强度砂浆压制）。

5. 桥墩模板预制与安装

定型钢模由厂家集中制作，模板的吊装选用 50t 吊车，采用人工配合吊车安装。钢模板有足够的强度、刚度和稳定性，模板板面平整。钢模板的面板变形不得超过 1.5mm，其钢楞变形不得超过 3.0mm。钢模及其配件需在检验合格后方准使用，模板组装前应于模板内侧涂刷脱模剂，应用同一品种脱模剂，不得使用易沾在混凝土上或使混凝土变色的油料。浇筑前模板表面应平整光滑，无污物。

6. 混凝土浇筑

桥墩采用 C40 混凝土，支座垫石同采用 C40 混凝土。

混凝土浇筑采用 47m 混凝土输送汽车臂泵车泵送混凝土浇筑。浇筑混凝土前应对基底、模板、钢筋、预埋件及各项机具、设备等进行检查。经监理工程师验收合格后，才能浇筑混凝土。

混凝土坍落度严格控制在配合比要求范围内，采用汽车泵输送。采用翻模浇筑到顶，浇筑速度小于 1.5m/h，控制合理的浇筑速度。

1）首段桥墩施工

首段模板浇筑高度一般取 6m，具体视墩高确定。

在承台顶面放样桥墩四个角点，并用墨线弹出印记，找平桥墩模板底部，清除桥墩钢筋内杂物。提升桥墩钢筋，安装桥墩首段模板，在首段桥墩模板顶向下 20～30cm 固定施工平台，加固校正模板。

自检合格后并报请监理工程师检查后，开始浇筑桥墩混凝土。混凝浇筑完毕及时进行顶面覆盖养护。

2）节段桥墩施工

首段桥墩混凝土浇筑完成后，模板暂不拆卸，采用履带吊提升桥墩钢筋，在首段模板顶上安装支立好第 2 节段模板。

第 2 节段模板用汽车吊分块吊装，在第 2 节段桥墩模板顶向下 20～30cm 固定施工平台。利用拉杆对拉加固桥墩模板。主筋接头采用直螺纹套筒连接，以减少现场焊接时间，保证施工质量。采用混凝土泵车浇筑第 2 节段桥墩混凝土。

待第 2 节模板内的桥墩混凝土达到 90% 强度后，拆除首节段模板。绑扎第 3 节段桥墩钢筋后，采用汽车吊提升第 3 节段模板，将第 3 节段模板安装支立于第 2 节段模板顶上，在第 3 节段桥墩模板顶向下 20～30cm 固定施工平台，浇筑桥墩混凝土。循环交替翻升模板浇筑混凝土直至墩顶。

施工时注意在桥墩顶部预留泄水孔，以利于各节桥墩施工期间养护水和雨水流出。

7. 养护

混凝土的养护满足要求才能保证强度及外观，才能保证承载达到设计要求。现场施工养护由原来洒水养护不均匀，需水量大，湿度控制不好；改为覆膜养护后，通过对现场养护试验及比对，及到龄期实体回弹，柱体的外观及强度均满足规范要求。然而这种养护法施工有一定的要求：它要求在施工拆模后，须马上覆膜，要求严密，保证它的养护条件。养护过程中要保证供水量，勤检查覆膜的完好性。

工艺流程：人工覆膜→胶布固定→滴灌筒放置柱顶→定期加水→定期检查覆膜密封→强度及外观检查→拆膜回收处理。

人工覆膜：拆模后马上覆膜，柱顶工人用胶布固定薄膜一端于柱上，从薄膜轴心穿绳，绳两端分别由柱上柱下两工人给控制，绕柱包裹，过程中要膜绷紧有弹力，且上下层相互重叠压边 15cm，保证整体密封。必要时起重机配合。

胶布粘结固定：覆膜完成后，底部用宽胶带固定，墩顶至横梁底通身用胶带粘结固定。

覆膜滴灌就位：柱顶用不生锈的盛水装置装水，底部绕圈均匀扎 1mm 粗水眼 4～8 处，保证盛水量满足水车供水间隔期间养护需求量。

检查密封并补水，加水后半小时检查覆膜过水及整体完整；然后每日检查覆膜过水及整体完整，检查盛水装置装水量，保证受水均匀，强度及外观色泽一致。

强度检测：7d 到期检查标样试件强度，合适后，检查现场回弹强度，合格后拆膜。

拆膜时防止对混凝土外观磕碰，废膜要集中处理，防止对环境造成污染。

3.4.2.4 系梁施工

系梁施工分为 H 形桥墩系梁施工和 Y 形桥墩系梁施工。

1. 支架安装

1）H 形墩系梁支架安装

SR1 号～SR11 号为 H 形墩，SR12 号～SR13 号与 SR15 号～SR16 号为分离式 H 形墩，H 形墩系梁支架采用型钢、贝雷片钢管桩组合支架。

钢管桩顶标高向下偏移 1.5m（据钢管桩长而定）设置第一道平联，平联采用双拼槽钢（[ ]20b），再向下 4m 设置第二道平联。

两道相互平行的平联间支立剪刀撑，剪刀撑采用 [20b。

钢管桩与主横梁连接处、牛腿与主横梁连接处设置沙箱，拆模时打开沙箱双侧螺栓，沙子流出后，钢模板与支架整体下降，模板与现浇混凝土脱离，遵循先支后拆，后支先拆的顺序稳步拆卸，如图 3-64 所示：

图 3-64 H 形墩系梁支架图

在沙箱正上方，按图纸位置，架支主横梁，主横梁采用2I45b；垂直于主横梁正上方，间距450mm布置7榀型钢与贝雷片组合桁架，弧形支架由弧肋、斜杆、竖杆、下弦杆组成，弧肋、竖杆、下弦杆采用I20b型钢，弧斜杆采用[10型钢。

桁架分配梁采用I12.6，弧线段旋转角度16°，直线段间距500mm。

最后在分配梁I12.6上安装6mm厚钢模板。

2）Y形墩系梁支架安装

SR17号～SR36号为Y形墩，Y形墩系梁支架采用型钢与钢管桩组合支架。

钢管桩顶标高向下偏移1.5m（据钢管桩长而定）设置第一道平联，平联采用双拼槽钢（[]20b），再向下4m设置第二道平联。

两道相互平行的平联间支立剪刀撑，剪刀撑采用[20b。

钢管桩与主横梁连接处、牛腿与主横梁连接处设置沙箱，拆模时打开沙箱双侧螺栓，沙子流出后，钢模板与支架整体下降，模板与现浇混凝土脱离，遵循先支后拆，后支先拆的顺序稳步拆卸。

在沙箱正上方，按图纸位置，架支主横梁，主横梁采用2I45b；垂直于主横梁正上方，间距600mm布置6榀型钢I20b支撑梁。

桁架分配梁采用I12.6，弧线段旋转角度16°，直线段间距400mm；最后在分配梁I12.6上安装6mm厚钢模板，如图3-65所示。

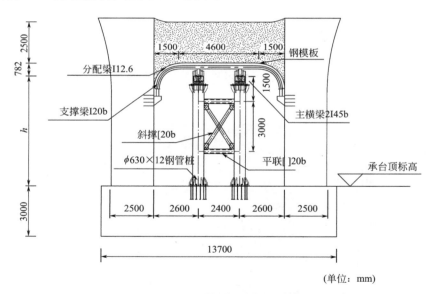

（单位：mm）

图3-65 Y形墩系梁支架立面图

2. 系梁与桥墩接触面凿毛、清洗、湿润

系梁与桥墩接触面凿毛、清洗、湿润和安装底模、绑扎钢筋、侧模板安装施工工艺同上节，此处不再叙述。

3. 预应力施工

1）施工流程

施工工序：①系梁模板端头一侧内安装垫板喇叭、锚具→②安装预应力管道（塑料波纹管）→③钢绞线穿束→④在波纹管上开压浆孔并封闭→⑤预应力钢束张拉→⑥压浆→⑦封锚。

对于墩间系梁，立模浇筑系梁混凝土，待混凝土强度达到设计强度的90%时张拉系梁钢束 S1；待上部结构箱梁浇筑完成并张拉完钢束后，在张拉盖梁钢束 S2；拆除支架模板，施工二期承载。

对于墩顶盖梁，立模浇筑系梁混凝土，混凝土强度达到设计强度的90%时张拉系梁钢束 S1、S3、S3；上部结构箱梁浇筑完成并张拉完钢束后，再张拉盖梁钢束 S2、S4、S6；拆除支架模板，施工二期承载。

2）塑料波纹管安装

系梁预应力钢束如立面布置图所示，系梁预应力管道采用塑料波纹管，波纹管应有一定的强度，管壁严密，不易变形。预应力施工采用智能循环压浆工艺。

塑料波纹管设置利用系梁内钢筋骨架进行定位和固定。当钢筋骨架绑扎安装成型后，根据钢束曲线的坐标值直接将其位置点画在骨架上，然后用 C12mm 钢筋固定，固定时应检查预应力钢束线型准确。

3）预应力钢绞线的下料：

（1）预应力钢绞线的下料长度根据设计图的曲线长度来计算确定，并考虑锚夹具长度、千斤顶长度、工作长度等各种因素。施工时对实际钢束进行孔道摩阻实验，确定最终合适的伸长量。钢束实测伸长量与计算伸长量允许误差不能超过 ±6%。钢束伸长量的计算参数 μ、k 分别取 0.17、0.0015；

（2）钢绞线下料时保证钢绞线顺直，不得有扭曲、弯曲，并用梳丝板理顺钢绞线，钢绞线不得使用电或氧弧切割，采用砂轮切割机切割；

（3）预应力钢束的定位钢筋网在钢束直线段间距不大于 50cm，曲线段不大于 20cm，定位钢筋网必须与主梁钢筋焊牢，确保管道定位准确。

4）穿束

（1）钢绞线采用人工为主、卷扬机为辅的穿束方法。

（2）短束采用人工直接穿，用人力直接托起钢束，束头在前，从孔的一端向另一端推进，人工穿束需 8～10 人。

（3）较长束要先穿引丝，引丝用高强钢丝或钢绞线，引丝用人工先穿，穿过后，一端连接在钢束头上，另一端用卷扬机牵引，并且人力辅助推送。

（4）预应力钢束在混凝土浇筑前穿好，穿好后需在混凝土浇筑过程中对外露钢束加以保护，同时在混凝土终凝前利用两端外露部分钢绞线进行来回抽动，防止漏浆后砂浆凝固造成孔道堵塞。

5）预应力钢束张拉

预应力张拉时采用引伸量与张拉力双控，即以张拉力为主，实测引伸量与计算引伸量容许误差应控制在 ±6% 以内。

预应力张拉施工采用智能张拉系统，智能辅助真空压浆。

6）封锚

孔道压浆后应立即将梁端水泥浆冲洗干净，同时清除支承垫板、锚具及端面混凝土的污垢后，并将端面混凝土凿毛，以备浇筑封锚混凝土。

设置端部钢筋网，将部分箍筋点焊在支承垫板上固定钢筋网的位置。

浇筑封端混凝土时，要仔细操作并认真插捣，使锚具处的混凝土密实。

封端混凝土浇筑后，初凝后覆膜养护。

4. 浇筑混凝土、拆模及养护

混凝土浇筑采用两端对称浇筑，控制合理的浇筑速度。浇筑混凝土、拆模及养护具体操作参照上述章节，此处不再叙述。

3.4.2.5 盖梁施工

1. 支架安装

SR17 号~SR36 号为 Y 形墩，Y 形墩盖梁支架采用型钢与钢管桩组合支架。支架搭设采用 50t 汽车吊或履带吊安装，如图 3-66 所示。

图 3-66　Y 形盖梁施工

型钢与钢管桩组合支架结构自下而上由①柱脚、牛腿；②钢立柱；③立柱间连接系；④沙箱；⑤主横梁；⑥支撑梁；⑦横向分配梁；⑧钢模板。

2. 接触面凿毛

参照桥墩、系梁接触面凿毛、清洗、湿润，此处不再叙述。

3. 安装底模、绑扎钢筋、侧模板安装

盖梁模板则根据盖梁的构造尺寸加工成大块平板钢模，采用对拉螺杆固定，模板肋骨与工字钢点焊稳定，其他具体操作参照系梁施工。

4. 预应力工程

参照系梁预应力施工章节。

5. 预埋件安装

在盖梁模板上固定塑料波纹管孔洞，并设置封锚钢垫板、锚具、压浆孔。Y 形墩盖梁顶公路支座采用抗震球型钢支座。

6. 浇筑混凝土、拆模及养护

参照系梁施工工艺，此处不再叙述。

3.5　跨江引桥钢桁梁

3.5.1　概述

3.5.1.1　钢桁梁

跨江引桥 3 号~S7 号（第三联）、S7 号~S14 号（第四联）、S14 号~S16 号（第五联）、S16 号~S17 号（第六联）、S17 号~S19 号墩（第七联、第八联）共 19 跨。总体布置：跨度 84m 和 72m，上层采用结合梁，道路标准段公路桥面总宽 31m，局部加宽到 47m，双向 8 车道；下层为正交异性钢桥面，为两线城际轻轨。

1）主桁架

主桁上层为钢混结合结构，下层为正交异性钢桥面，三角形桁架，主桁中心距 15m，挑臂长 8m，公路面全宽 31m，局部加宽到 47m，节间长度 12m。桥梁横断面采用两片主桁的形式，全桥不设横联。

2）下层轨道钢桥面

铁路桥面系采用正交异形钢桥面，每隔 12m 设置一道大横梁，中间设 3 道横肋；跨中横梁高 1556mm，横肋高 664mm，钢桥面顶板厚 16mm；横梁腹板厚 18mm，下翼缘截面为 700mm×32mm；横肋腹板厚 12mm，下翼缘截面为 200mm×12mm；铁路纵梁高 1100mm，节点处与主桁等高，纵梁腹板厚 12mm，底板截面为 360mm×16mm。钢桥面顶板与下弦杆的上盖板焊连，横梁腹板及底板与主桁杆件拴接，横肋腹板及底板与主桁杆件拴接。钢桥面顶板采用板式加劲肋加劲，加劲肋间距为 360~400mm，肋高 200mm，板厚 16mm；节段间板肋肋均采用嵌补段焊接。

3）上层公路桥面

公路桥面系采用钢混结合梁，混凝土板厚 280mm，钢横梁采用密横梁体系。横梁端部与主桁上弦杆高度相同，中心线处高 1710mm。横梁顶板宽 480mm，厚度为 24mm，普通横梁腹板厚度为 12mm，底板宽度为 360~480mm，厚度为 24mm；节点横梁腹板厚为 14mm，下翼缘宽度为 440~520mm，厚度为 24mm。挑臂长 8.0m，挑臂横梁尺寸与横梁规格相同，横梁间距 3.0m，横梁下缘与桁架式横联相连。

4）上拱度设置

主桁上拱的设置是将竖曲线、预拱度叠加后进行折线拟合，伸长或缩短的值在上弦杆拼接板的拼缝中变化，弦杆和斜杆仍交会于节点中心。预拱度伸缩只引起拼接板长度变化。

3.5.1.2　桥面板

上层公路混凝土桥面板分为预制和现浇两部分，桥面板通过布置于主桁和钢桁梁顶面的圆柱头剪力钉结合后共同受力。预制混凝土桥面板采用 C50 混凝土，现浇湿接缝采用 C50 微膨胀混凝土。预制板与钢梁接触部分在钢梁边缘粘贴宽 5cm，厚 3cm 的橡胶带。混凝土桥面板沿线路中线对称布置，并设置双向 2% 的横坡，预制桥面板厚度 22cm。引桥第三～第六联横桥向分为 3 块板预制，共 4 道现浇缝；引桥第七、第八联横桥向分为 4 块板预制，共 5 道现浇缝。预制桥面板平面尺寸随桥面尺寸变化，有多种规格，最大吊重约 22t。采用分块预制，铺设到位后浇筑湿接缝的方法，混凝土桥面板总计 1620 块。

3.5.1.3 工程量

钢桁梁制造、运输、工地焊接工程，总工程量约 3.22 万 t，材质为 Q345qD、Q420qE，分为八个联次，其中第三联从 3 号～S7 号、第四联从 S7 号～S14 号、第五联从 S14 号～S16 号、第六联从 S16 号～S17 号、第七联从 S17 号～S18 号、第八联从 S18 号～S19 号，见表 3-19、表 3-20。

标段工程量表一 表 3-19

联次	吨位（t）/ 数量（个）	材质
三联	10946.342	Q345qD
四联	10939.615	Q345qD
五联	3309.353	Q345qD、Q420qE
六联	1907.102	Q345qD
七联	2328.2	Q345qD
八联	2792.645	Q345qD
高强螺栓	235437	10.9 级，35VB
剪力钉	439564	ML15AL
重量合计	32223.3	

标段工程量表二 表 3-20

序号	联次	杆件类型	数量（件）	最大外形尺寸（mm）	最大吊重（t）	不带拼接板重量（t）
1	三联	上弦杆	100	2400×3200×12000	39.7	33.5
2		下弦杆	98	1600×3200×13700	46.7	39.9
3		腹杆	200	960×1000×6050	7.8	
4		上层横梁	197	920×1700×12600	10.2	
5		上层挑臂	394	920×1500×6800	4.4	
6		下层横梁	49	1500×1500×12790	19.3	
7		下层桥面板	196	1500×3400×14500	12.9	

续表

序号	联次	杆件类型	数量（件）	最大外形尺寸（mm）	最大吊重（t）	不带拼接板重量（t）
8	四联	上弦杆	100	2400×3200×12000	39.7	33.5
9		下弦杆	98	1600×3200×13700	46.7	39.9
10		腹杆	200	960×1000×6050	7.8	
11		上层横梁	197	1070×1734×12594	11.4	
12		上层挑臂	394	1070×1544×6800	5.1	
13		下层横梁	49	1400×1524×12790	17.9	
14		下层桥面板	196	1500×3194×13714	8.3	
15	五联	上弦杆	30	2400×2577×12000	47.1	39.1
16		下弦杆	28	2100×3200×14405	48.7	41.1
17		腹杆	60	960×1000×5900	8.4	
18		上层横梁	57	1070×1734×12594	11.4	
19		上层挑臂	114	1070×1544×6800	5.1	
20		下层横梁	57	1400×1524×12790	17.9	
21		下层桥面板	56	1500×3194×13714	8.3	
22	六联	上弦杆	28	2400×3070×12000	35.3	31.3
23		下弦杆	30	1600×3079×12000	27.7	
24		腹杆	60	960×1000×5800	6.8	
25		上层横梁	57	1070×1734×12594	11.4	
26		上层挑臂	114	1070×1544×6800	5.1	
27		下层横梁	57	1400×1524×12790	17.9	
28		下层桥面板	56	1500×3194×13714	8.3	
29	七联	上弦杆	14	2700×3300×12000	47.4	41.4
30		下弦杆	14	1900×3100×12000	32.5	28.9
31		腹杆	28	1000×1200×5900	9.3	
32		上层横梁	25	1200×1850×24300	32.1	
33		上层挑臂	50	2300×2500×8300	16.4	
34		下层横梁	25	1156×1700×24500	31.2	
35		下层桥面板	49	700×3326×12100	8.3	

序号	联次	杆件类型	数量（件）	最大外形尺寸（mm）	最大吊重（t）	不带拼接板重量（t）
36	八联	上弦杆	14	2600×3759×12000	55.5	47.8
37		下弦杆	14	2200×3234×5638	35.4	29.8
38		腹杆	28	960×1288×6550	10.2	
39		上层横梁	25	1140×2106×24462	35.9	
40		上层挑臂	50	1120×2172×8762	14.6	
41		下层横梁	25	1556×1895×24679	44.6	
42		下层桥面板	48	676×3100×15050	10.4	
合计			3480			

3.5.2 施工安排

3.5.2.1 总体施工思路

根据道庆洲桥钢桁梁的结构特点及桥位处的地质水文条件和与既有线的相互关系，结合工期要求，钢桁梁制造安装工程六个联次引桥均以散件（杆件）的形式，采用桥面吊机进行安装：首先在桥梁线路右侧搭设栈桥，为水上作业提供施工作业平台及物资输送通道。该项目引桥第三～第八联钢桁梁分为两个标段同时施工，Ⅰ标段为引桥第三、第七、第八联；Ⅱ标段为引桥第四、第五、第六联。总体施工方案如下：

第三联在 S3 号～S4 号墩之间设置一个架梁起始点；在 S3 号～S4 号墩之间搭设拼装支架和履带式起重机作业平台，其他孔设置临时支墩悬拼。先用 130t 履带式起重机吊装福州侧三个节间钢桁梁，再在钢桁梁上拼装桥面起重机，然后用桥面吊机从主栈桥上取梁进行吊装和拼装另一台桥面起重机。吊装完 S3 号～S4 号墩之间杆件后，利用两台 70t 全回转架梁起重机开始对称悬臂向 3 号和 S7 号两墩架设其他孔钢桁梁。

第四、第五、第六联三联整体架设，在 S12 号～S13 号共设置一个架梁起始点；先在 S12 号墩长乐侧搭设临时支架，为组拼最早安装的钢桁梁提供支撑系统，利用 180t 履带式起重机在临时支墩 L01～L04 上安装 S12 号墩长乐侧 3 个节间的钢梁，拼装第一台 70t 全回转架梁起重机，完成 S12～L01 的 E13E14 钢梁节间和 S12 号墩福州侧 E14E15 节间钢梁安装，利用 180t 履带式起重机在钢桁梁上弦位置拼装第二台 70t 全回转架梁起重机，然后利用两台 70t 全回转架梁起重机向 S7 号和 S17 号两墩对称悬臂安装剩余节间钢梁。

第七、第八联采用支架法整体安装，在 S17 号共设置一个架梁起始点，在 S17 号～S19 号墩之间搭设拼装支架，并在 S17 号附近搭设履带式起重机作业平台。先用履带式起重机吊装两个节间钢桁梁，再在钢桁梁上拼装桥面起重机，然后用一台 70t 全回转架梁起重机从主栈桥上取梁顺序向 S19 号进行吊装。

为确保工地吊装的连续性，根据拟定的吊装顺序，完工杆件在桥址附近中转。第三、第七、第八联杆件运输以车运为主，船运为辅，船运至桥址附近长通码头（较大桥面板船运至 S17 号转运平台），通过中转车辆运输至榕通码头；车运直达榕通码头，根据现场吊装需求，通过中转车辆将杆件运输至桥址吊装位置，长通码头距离榕通码头 1.7km，榕通码头距离桥址约 1km。

第四、第五、第六联杆件运输由水运直接运输至道庆洲大桥桥址进行转运安装，如图 3-67、图 3-68 所示。

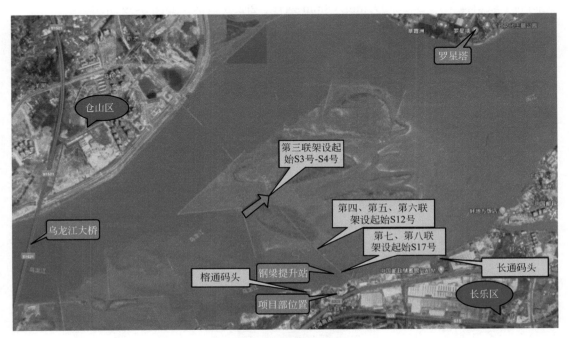

图 3-67　总平面布置图

图 3-68　总体施工部署图

3.5.2.2 主要大临设施

钢桁梁采用临时支墩辅助悬臂法、支架法拼装，临时墩上部结构采用钢管支架，由钢管立柱、连接系、分配梁及操作平台组成。

1. 第三联 S3 号墩～S4 号墩间拼装支架

S3 号墩～S4 号墩之间拼装支架结构总布置图如下：立柱为 D820mm×16mm 钢管，分配梁为双拼 HW588mm×300mm×5000mm、HN700mm×300mm×5000mm 型钢，立柱之间的平联斜撑采用 D426/299mm×8mm 钢管、2[25b 型钢，如图 3-69 所示。

图 3-69　第三联钢桁梁架设

2. 第四、第五、第六联 S12 号墩～S13 号墩间拼装支架

S12 号～S13 号墩之间拼装支架结构总布置图如下：立柱为 D820mm×16mm 钢管，分配梁为双拼 HW588mm×300mm×5000mm 型钢，立柱之间的平联斜撑采用 D426/299mm×8mm 钢管、2[25b 型钢，如图 3-70 所示。

3. 第七、第八联 S17 号墩～S19 号墩间拼装支架

第七联和第八联钢梁采用一台架梁吊机整体拼装施工方案，在主栈桥侧扩宽栈桥 7m。立柱为 D820mm×16mm 钢管，分配梁为双拼 HW588mm×300mm×5000mm、HN700mm×300mm×5000mm 型钢，立柱之间的平联斜撑采用 D426/299mm×8mm 钢管、2 [25b 型钢，S17 号墩～S19 号墩之间拼装支架结构布置，如图 3-71 所示。

首先在 S17 号墩～S19 号墩之间设置拼装支架结构，并在设置于拼装支架上的起重机站位支架上拼装架梁起重机，然后利用架梁起重机在拼装支架上原位拼装部分钢梁结构，起重机走行至已拼装钢梁上，利用起重机继续在拼装支架上原位拼装钢梁，为保证钢梁自身结构受力满足要求，需要在悬臂拼装过程中设置部分临时支墩结构。

图 3-70　S12 号墩～S13 号墩钢桁梁架设施工

图 3-71　S17 号～S18 号钢桁梁架设支架

4. 跨间临时墩

虑悬臂施工中结构安全和保证施工线形的需要，除起始跨设置拼装支架外，其余每跨均设置一组临时墩，布置如图 3-72、图 3-73 所示。

图 3-72 S4 号 ~ S5 号墩 （临时墩）

图 3-73 S14 号 ~ S15 号墩 （临时墩）

5.相邻两联杆件临时链接

悬臂拼装过程中，长乐侧第四联与第五联（S14 号墩），第五联与第六联（S16 号墩）的上弦杆和下弦杆需要分别连接成一体，来满足 70t 回转吊机前进，完成第五、第六联杆件的悬臂拼装，即采用先连续后简支的方式完成第五联和第六联的悬臂拼装。

S14 号墩处为 800 型单元式多向变位桥梁伸缩装置，两侧钢梁间距 500mm。S16 号墩处为 240 型单元式多向变位桥梁伸缩装置，两侧钢梁间距 200mm。考虑两侧杆件间距及结构形式，采用将伸缩缝处两侧的上弦杆和下弦杆分别做成整体杆件，架设完成后，在桥位处将整体弦杆切割分离，打磨，涂装，完成钢桁梁由连续至简支的受力体系转换。

6. 提升站提升、拼装平台

桥梁线路右侧（下游侧）搭设主栈桥，为水上作业提供施工作业平台及物资输送通道。在 S17 号墩侧主栈桥加强加宽出一个 18m×54m 的平台，并在该平台另一侧布置 12m×54m 的提升站设置一台 180t 履带式起重机，作为桁梁杆件提升站，提升站间隔 10m 布置 6 组拴船桩满足驳船进场临时固定要求，180t 履带式起重机靠近驳船侧站位，将待拼装的梁段吊至提升平台上，预拼拼接板后，通过栈桥汽运至起吊位置，由钢桁梁上弦上的全回转起重机起吊，进行钢梁安装。桩帽上采用 3I45 作为桩顶分配梁，使用满布贝雷梁作为栈桥主梁，贝雷梁上设置 I25 作为横桥向分配梁，桥面板使用 I12.6 作为纵桥向分配梁、钢板作为桥面板。

7. 调位系统及顶升系统

在桥墩永久墩墩顶设置竖向顶升千斤顶系统和横向调位千斤顶系统。桥梁平面位置控制主要在于起步段的拼装精度，为防止特殊情况出现，全桥只在起步段两侧四个桥墩墩顶额外增设纵向调整千斤顶系统，通过初始 3 跨钢桁梁平面位置的精确定位，及严格控制钢桁梁拼装过程中冲钉施打数量，把控全桥轴向坐标。

桥墩墩顶的竖向顶升千斤顶系统和横向调位千斤顶系统设置在墩顶大横梁临时起顶位置处，均避开桥墩上安装永久支座的位置。钢梁拼装时，墩顶垫石上设置临时钢垫块进行临时抄垫，用来保证架梁标高控制。钢梁拼装时，待杆件拼装至主墩墩顶，且所有节点终拧完成后，利用竖向千斤顶起顶横梁，起顶高度比设计高度高约 20cm 以安装永久支座，起顶过程中，墩顶设置临时钢垫块随顶升过程进行临时抄垫，以防油顶失效。

横向调位千斤顶系统通过顶推 MGE 板上的竖向顶升千斤顶系统，完成拼装段横向坐标偏差的调整。做法如下：先在墩顶设置一块 6cm 厚钢板，在钢板横桥向两端分别焊接一个型钢水平反力座，该钢板用作横向调位系统的底板，反力座内侧两端各使用一台 250t 水平千斤顶，以作为后续横向调位的施力设备。

竖向顶升系统设置于横向调位系统底板的中间部位，安装永久支座时，使用 4 台 800t 竖向千斤顶，后续湿接缝作业顶升时，使用 6 台 800t 千斤顶作为后续顶升钢梁的主要设备，竖向千斤顶顶部和底部均设有钢垫块支垫，底部钢垫块与横向调位装置底板间设有一块 MGE 板，以保证调位装置水平向顶伸时，顶升系统实现整体水平移动，如图 3-74 所示。

3.5.2.3 主要施工机械

1. 70t 全回转桥面起重机

钢桁梁杆件的安装采用 5 台 70t 回转桥面吊机，三联布置 2 台 WD70E 桥面起重机，第四、第五、第六联布置 2 台 WD70E 桥面起重机，第七、第八联布置 1 台 WD70D 桥面起重机，WD70E 最小作业半径 8m，WD70D 最小作业半径 10m；起重机为 360° 全回转，自重约 180t，额定吊重 70t（满足钢桁梁杆件最大吊重要求）。桥面起重机站位上层桥面桁架上取梁架设，与上层桥面桁架间通过连接件连接。

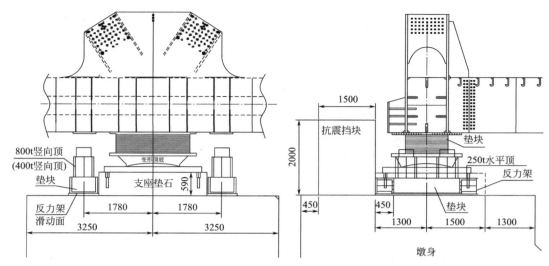

图 3-74　墩顶布置示意图

为适应第七、第八联变截面钢梁架设施工，架梁时须配备三根分配梁，每根分配梁长度约 28m，重量约为 22t。分配梁与钢桁梁上横梁用精轧螺纹钢筋和锚梁锚固。分配梁支点布置在上弦杆节点处，分配梁布置安装纵向间距 12m，70t 桥面起重机工作性能见表 3-21。

70t 桥面起重机工作性能参数表　　　　　　　　　　　　表 3-21

项目	参数
额定起重量	70t（主钩）/15t（副钩）
主钩起升速度	0～5m/min（满载）0～10m/min（空载）
副钩起升速度	0～11m/min（满载）0～22m/min（空载）
变幅速度	0～3m/min
吊臂变幅角度	23°～76°
最小/最大工作幅度	10m/35m
起升高度	90m
（轨道面以下 62m）	
最大起重力矩	70t×22m
回转角度	360°
回转速度	0～0.48r/min
走行方式	油缸顶推步履走行
走行速度	0～1m/min
整机装机容量	220kW
动力型式	三相五线制，交流 380V/50Hz
整机重量	≤180t
轨距×基距	10.8m×12m

续表

项目	参数
吊臂长度	36.5m
最大支点反力	165t
单个后锚的最大拉力	≤ 50t

2. 履带式起重机

根据钢构件、桥面起重机单重及栈桥布置情况，钢梁现场安装布置一台130t 和一台 180t 履带式起重机，用来在栈桥平台上安装钢梁起始构件和桥面起重机。履带式起重机选用工况如图 3-75 所示。

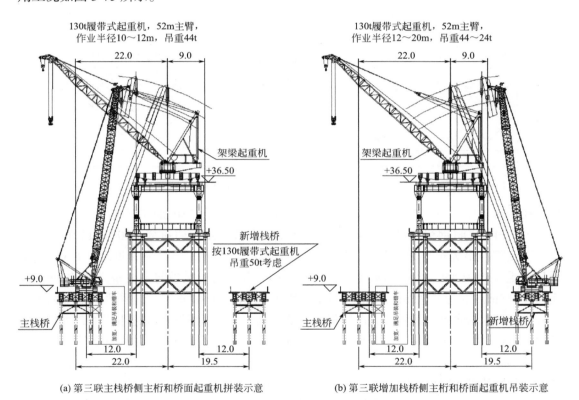

(a) 第三联主栈桥侧主桁和桥面起重机拼装示意　　(b) 第三联增加栈桥侧主桁和桥面起重机吊装示意

图 3-75　履带式起重机站位示意图

注：桥面起重机安装单件最大重量 20t，为保证主栈桥侧通行，桥面起重机安装时履带式起重机站位在新增栈桥上。

第三联安装钢梁起始构件和桥面起重机在桥墩两侧选用 130t 履带式起重机吊装，起始节间杆件最大重量 41.6t，130t 履带式起重机主臂长 52m，作业半径 10～12m，吊重 44t，可将拼接板与杆件分开吊装，满足吊装要求。

在桥址 S17 号墩位置布置 1 台 180t 履带式起重机作为钢梁提升站，钢梁装船离开基地运输至桥址提升站，利用 180t 履带式起重机将待拼装的梁段式起重机至提升平台上，预拼拼板后，通过栈桥汽运至起吊位置，由钢桁梁上弦上的全回转起重机起吊，进行钢梁安装。提升站平台位置已考虑水道深度和运输船的吃水深度，可确保运输船顺利进出，如图 3-76 所示。

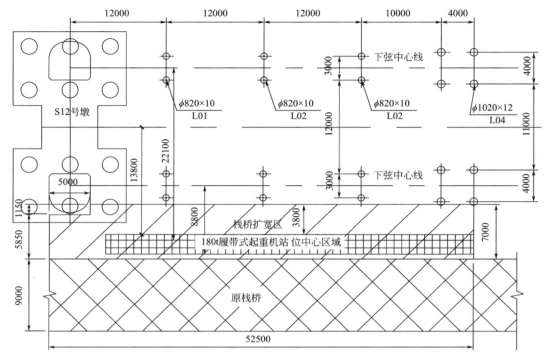

图 3-76　履带式起重机站位示意图

在桥址 S12 号墩～S13 号墩右侧加宽栈桥上布置 1 台 180t 履带式起重机，用于拼装 E10～E13 节间钢梁和两台 70t 全回转架梁起重机。在前期拼装 E10～E13 节间钢梁时，下弦杆件最大重量为 21.5t，上弦杆件最大重量为 22.4t，斜杆最大重量为 6.6t，桥面板最大重量约为 46t。考虑加宽主栈桥与钢梁的相对位置（墩顶与主栈桥高差约 9m，支座高度 0.8m，主桁高 9.5m，栈桥边距临时墩 1～1.5m，180t 履带式起重机下盘平面尺寸 8.3m×7m），结合预进场履带式起重机的性能参数，综合考虑履带式起重机的最大作业半径和最重杆件，对该履带式起重机工况按实际比例绘图做如下分析，如图 3-77 所示。

该 180t 履带式起重机在杆长 53.7m，作业半径分别为 13.8m，22.1m，11.3m 时，吊装能力分别达到 54.9t，31t，68.5t。满足起吊 E10～E13 节间钢桁梁的吊装。

E13～E14 节间下弦杆件最大重量为 27.42t，上弦杆件最大重量为 30.6t，斜杆最大重量为 6.6t，桥面板最大重量 45.48t。结合 E10～E13 节间钢梁吊装工况分析所述，除上弦杆 A14 重量偏大，计划使用第一台 70t 全回转起重机安装外，其余杆件 180t 履带式起重机也均能满足使用要求。

拼装 70t 全回转架梁起重机时，因已拼装钢桁梁对吊臂的限制，需增加主臂长度，参考拼装全回转架梁起重机时履带式起重机站位，根据 180t 履带式起重机相关参数可知，28m 吊距、80m 主臂长度的情况下，最大吊重可达 19.2t，远大于 70t 全回转架梁起重机单杆最大重量，故满足拼装要求，如图 3-78 所示。

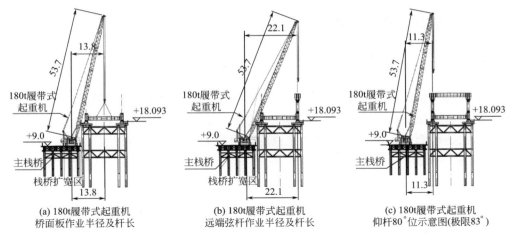

(a) 180t履带式起重机
桥面板作业半径及杆长

(b) 180t履带式起重机
远端弦杆作业半径及杆长

(c) 180t履带式起重机
仰杆80°位示意图(极限83°)

图 3-77 钢梁工况立面布置图

图 3-78 履带式起重机架设钢桁梁

第七、第八联安装钢梁起始构件和桥面起重机在主栈桥侧选用 130t 履带式起重机吊装，利用 130t 履带式起重机站位于栈桥平台拼装 E0～E2 两个节间钢梁，前两节间杆件最重 39.6t，130t 履带式起重机主臂长 52m，作业半径 10～12m，吊重 44t，可将拼接板与杆件分开吊装，满足吊装要求。

3. 浮式起重机

跨江引桥变宽段超重杆件（上弦杆）采用 350t 浮式起重机安装。

4. 运梁平板车

配置 2 台运梁平板车，负责主桥边跨侧钢梁和桥面板的进场运输，额定载重 180t，满足运输要求。

5. 钢梁运输船舶

配置 1000t 运输船舶负责钢梁从钢结构制造厂及预拼场运至桥位。

3.5.3 钢桁梁杆件制作、运输与存放

3.5.3.1 钢桁梁杆件制作

钢桁梁构件在钢结构制造厂制作的主要工作内容有材料采购、预处理、下料、组装、焊接、制孔、矫正、试拼装、冲砂、油漆、存放、包装、装船等。杆件制造完成后运输到桥址，铁路桥面系板单元工厂制造完成后运至拼装场进行块体拼装、涂装等施工，如图 3-79 所示。

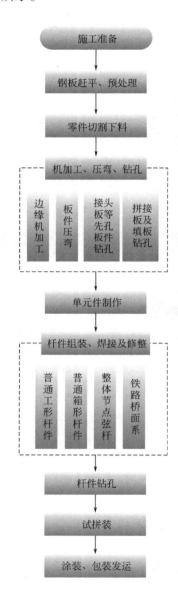

钢板赶平　　　　钢板预处理

等离子切割下料　　　边缘机加工

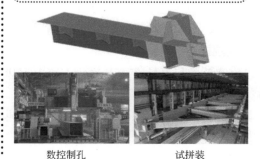

数控制孔　　　　试拼装

图 3-79　制作工艺流程及说明示意图

3.5.3.2　钢桁梁杆件进场、存放

钢梁进场后，应按设计文件及《铁路钢桥制造规范》Q/CR 9211—2015 对出厂提供的技术资料和实物进行检查核对并登记造册，经监理签认后，按规定处理。进场杆件发现有不允许的缺陷时，应由制造单位整修后，方可安装。

3.5.3.3　钢桁梁试拼装

在批量生产前，为验证制造工艺的可行性、工艺装备的适用性，设计及施工图、工艺文件的正确性，并进行有效的精度控制管理，在工厂对主桁、上层公路桥面系、下层铁路桥面系进行试拼装。

3.5.3.4　钢桁梁的运输

第三、第七、第八联：在武汉制造制作，运输以车运为主，船运为辅；船运至桥址附近长通码头，通过中转车辆运输至施工现场，车运直达榕通码头存放；根据现场吊装需求，通过中转车辆将杆件运输至桥址吊装位置。

第四、第五、第六联：在江苏南通制作，由水运直接运输至道庆洲大桥桥址 S17 号提升平台进行转运安装，通过中转车辆运输至施工现场，如图 3-80 所示。

图 3-80　榕通码头存梁区

1）汽车运输

公路：运输线路：武汉→黄石→南昌→南平→福州榕通码头，全程约 970km 左右。

2）水路运输

公路运输困难的构件采用水路运输。

引桥第三、第七、第八联钢桁梁输线路：武汉→黄石→九江→安庆→铜陵→芜湖→南京→镇江→南通→上海→舟山→台州→温州→福州，全程共 1411km，正常情况下航行需

要 8d 时间。

引桥第四、第五、第六联钢桁梁运输线路：南通→上海→舟山→台州→温州→福州，如皋基地至福州市连道庆洲大桥桥址约 502 海里，航行预计需 4d 时间。

3.5.4 钢桁梁杆件吊装

根据施工方案，在钢桁梁下弦节点处设置钢梁拼装临时支墩和拼装支架，采用临时支墩辅助悬臂法和满堂支架法安装。钢桁梁开始架设时，提前将桥墩墩顶永久支座摆放预置，但不安装，架设钢梁时，主弦节点均安装在墩顶临时支垫上，待墩顶钢梁全部拼装完成后，利用墩顶纵、横向调位装置进行纵向和横桥向精确调位，最后利用千斤顶顶升主梁，安装永久支座。钢桁梁安装大体原则尽量使拼装杆件形成一个稳定的整体框架，拼装时依次左右对称安装，钢桁梁安装过程中迅速将主桁三角闭合以求结构稳定。

上层横梁临时吊点装在上翼缘板上，下层横梁装在腹板上，工字形横梁每根装 2 个临时吊点，箱型横梁每根装 4 个临时吊点。桥面板临时吊点装在面板外侧，每块面板上装 4 个临时吊点。

3.5.4.1 第三联（第四、第五、第六联）吊装步骤

（1）施工步骤一：

用 80t 履带式起重机站位于主栈桥上安装起始跨钢梁拼装支架，拼装支架顶标略低于对应节点钢梁设计标高。

采用 130t 履带式起重机站位于栈桥上在拼装支架上按图示位置安装节点 E22～E24（E23～E24 节点为整体杆件）三个节间的钢梁，两侧挑臂先不安装，如图 3-81 所示。

图 3-81 钢桁梁起始节段拼装

永久支座在钢梁安装前预置在垫石旁，通过在垫石和下弦杆之间钢垫块抄垫将钢梁底标高比设计标高预抬高约 100mm，后期支座安装时起顶将钢垫块取出，通过设置的滑移

轨道将支座安装就位。临时墩墩顶标高较钢梁设计标高低 100mm，如图 3-82 所示。

图 3-82　桥面起重机拼装

利用 130t 履带式起重机站位于栈桥上钢梁上组装桥面起重机，如图 3-83 所示。

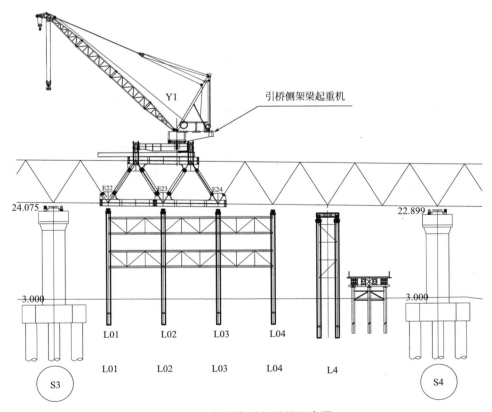

图 3-83　桥面起重机站位示意图

架梁起重机试吊。

架梁起重机安装完成后，对架梁吊机进行试吊和整体试运转；确保架梁起重机的运转正常。试吊和整体试运转主要分以下三步进行：

①空载试运转，空载运行往返一次。

②静载试吊，按设计吊重的80%、100%、125%分别进行一次静载起吊。

③动载试运转，按设计吊重的110%分别进行一次往返运行。

（2）施工步骤二，如图3-84、图3-85所示：

引桥侧桥面起重机完成E25、E26两个节间钢桁梁架设。

主桥侧桥面起重机进场，履带式起重机在栈桥上清理主栈桥侧桥面起重机构件。

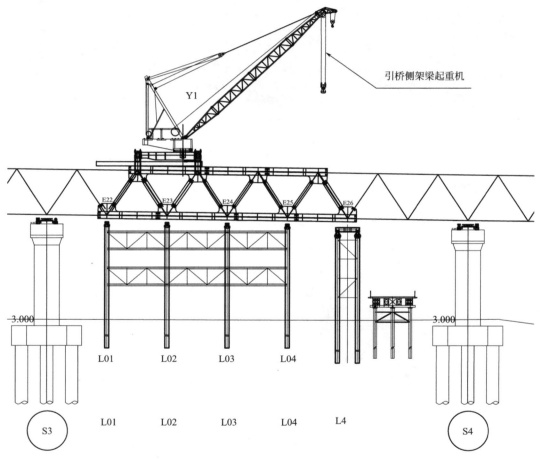

图3-84 桥面起重机架梁示意图

（3）施工步骤三，如图3-86～图3-88所示：

引桥侧桥面起重机前移两个节间到Y2位置。

130t履带式起重机和引桥侧桥面吊机协同组装吊装主桥侧70t桥面起重机。

安装E21、E27、E28三个节间钢桁梁。

S3\S4墩顶垫石旁设置钢垫块和千斤顶，调整钢梁标高。

图 3-85 杆件吊装

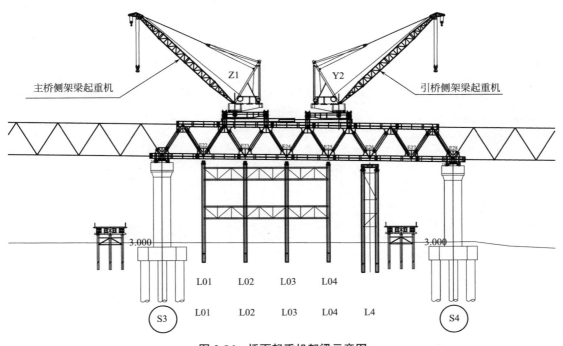

图 3-86 桥面起重机架梁示意图

图 3-87　第二台桥面起重机拼装（第三联）

图 3-88　第二台桥面起重机拼装（第四、第五、第六联）

（4）施工步骤四，如图 3-89～图 3-91 所示：

钢梁端部架设至临时墩 L3、L5，临时墩墩顶标高比钢桁梁底设计标高低 100mm，仅将临时墩顶与钢梁下弦之间抄紧即可，然后继续钢梁悬臂拼装。S3\S4 处钢桁梁可回落到设计标高，梁底与支座间加四氟板滑块。

主桥侧桥面起重机和引桥侧桥面起重机分别从主栈桥上取梁，对称悬臂拼装钢梁。

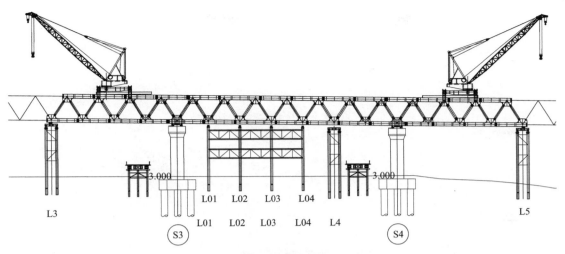

图 3-89　桥面起重机两侧架梁示意图

图 3-90　桥面起重机对称悬臂拼装（第三联）

（5）施工步骤五，如图 3-92、图 3-93 所示：

继续悬臂向前对称拼装钢桁梁杆件，在桥墩顶部设置千斤顶调整装置，钢梁上墩后调整到施工标高和桥轴线，桥轴线调整到位后，墩顶节点右侧与墩间横向临时锁定。支座提前预置到垫石旁指定位置。

根据悬臂安装工况计算，钢梁安装上永久墩前前端挠度最大约 220mm，为便于钢梁安装，在钢梁安装前进方向永久墩处设置千斤顶，钢梁杆件上永久墩后，通过墩顶设置的千斤顶将钢梁底标高顶升至比设计标高高 100mm，进行抄垫。

图 3-91　桥面起重机对称悬臂拼装 （第四、 第五、 第六联）

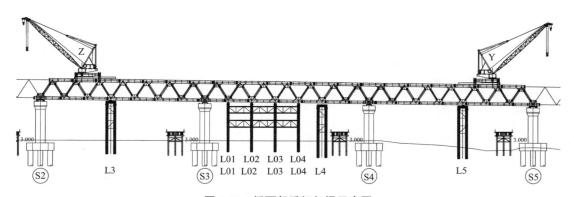

图 3-92　桥面起重机架梁示意图

图 3-93　桥面起重机悬拼施工

3.5.4.2 第七、第八联吊装步骤

（1）施工步骤一，如图 3-94、图 3-95 所示：

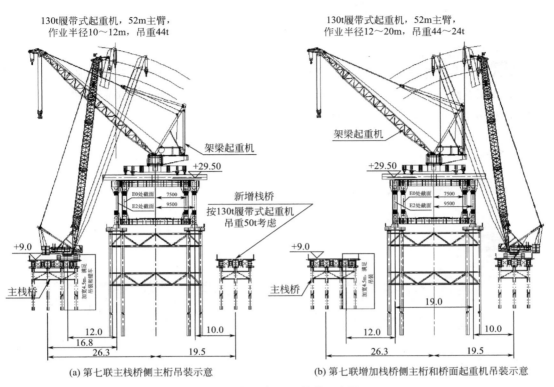

(a) 第七联主栈桥侧主桁吊装示意　　　　(b) 第七联增加栈桥侧主桁和桥面起重机吊装示意

图 3-94　桥面起重机拼装示意图

注：桥面起重机安装单件最大重量 20t，为保证主栈桥侧通行，桥面起重机安装时履带式起重机站位在新增栈桥上。

图 3-95　第七联首节段钢桁梁吊装

利用 80t 履带式起重机站位于主栈桥上安装 S17 号墩～S19 号墩之间钢梁拼装支架结构，拼装支架顶标略高于对应节点钢梁设计标高。

利用 130t 履带式起重机站位于栈桥平台拼装 E0～E2 两个节间钢梁。

利用 130t 履带式起重机站位于栈桥平台拼装桥面起重机。

（2）施工步骤二，如图 3-96～图 3-99 所示：

顺序安装第七联和第八联构件，部分杆件采用杆件与拼接板分开吊装方式。

第八联首节间钢梁安装到位后，第七、第八联弦杆间用马板临时连接稳固，起重机前移一个节间继续吊装第八联第二节间钢梁，起重机前移到第八联第二节间钢梁上后再向主栈桥侧平移 4.2m 吊装其余钢梁杆件。

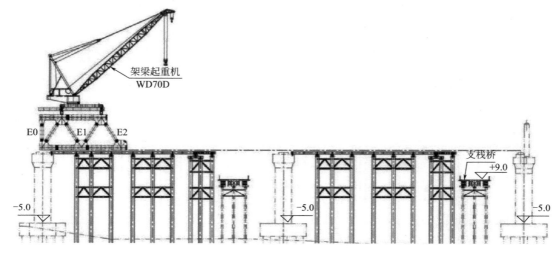

图 3-96　弦杆拼装示意图

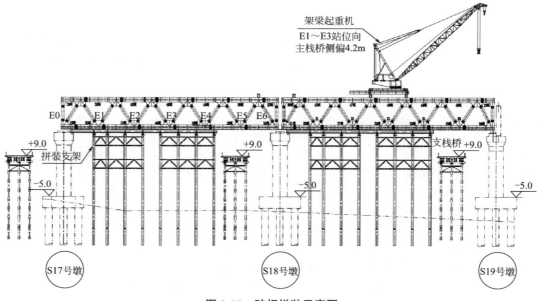

图 3-97　弦杆拼装示意图

图 3-98　第七、第八联钢桁梁拼装

图 3-99　第八联钢桁梁拼装

3.5.4.3　支架拼装段节间钢桁梁架设步骤

支架拼装段节间钢桁梁架设以第三联 S3 号墩～S4 号墩构件安装为例，如图 3-100 所示。

节点 E22～E24 间钢梁用 130t 履带吊安装，先安装下弦杆，其次安装下弦节点横梁、铁路桥面板和检修车轨道，再次安装腹杆，最后安装上弦杆、上弦横梁，两侧悬臂结构待桥面起重机安装后用桥面起重机安装。

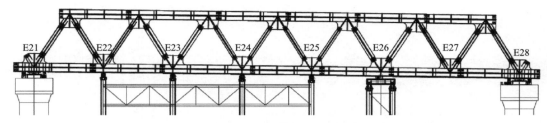

图 3-100　第三联 S3 号墩～S4 号墩构件安装图

其余构件用桥面起重机安装，见表 3-22。

其余构件用桥面起重机安装施工表　　　　　　　　　　表 3-22

步骤	施工内容	施工示意图
1	130t 履带式起重机站两侧栈桥平台上依次吊装节点 E22 ～ E24 间的下弦杆和下弦节点横梁，安装检修车轨道，检修车轨道与横梁间拴接	
2	130t 履带式起重机吊装下层中间两块桥面板单元，完成检修车轨道与纵梁间拴接连接	
3	130t 履带式起重机吊装下层两侧两块桥面板单元，桥面板横肋与下弦杆间拴接	
4	130t 履带式起重机吊装 E22、E23、E24 节点八根腹杆	
5	130t 履带式起重机吊装节点 A23 ～ A24 上弦杆件，两侧风缆拉到两侧栈桥施工平台上，稳定上弦杆	
6	130t 履带式起重机依次吊装节点 A23、A24 上层节点横梁及普通横梁，形成稳定框架解除后风缆	

步骤	施工内容	施工示意图
7	用 130t 履带式起重机安装 70t 桥面起重机，节点 E21 ～ E22 节间下层可适当堆放桥面吊机小部件，保证主栈桥行车通畅。用 70t 桥面起重机依次安装 E21 ～ E22 节间其他构件，先腹杆，再上弦杆，最后上层节点横梁和普通横梁，130t 履带吊可配合施工	
8	用 70t 桥面起重机安装 A22 ～ A24 节点间悬臂、檐板及泄水槽	
9	用 70t 桥面起重机安装节点 E24 ～ E25 间下弦杆、E25 节点横梁和检修小车轨道，检修小车轨道与横梁间拴接连接	
10	用 70t 桥面起重机安装节点 E24 ～ E25 间桥面板，先中间两块并与检修小车轨道间拴接连接，再边上两块并与下弦杆间拴接初拧	
11	用 70t 桥面起重机安装节点 E24 ～ E25 间腹杆	
12	用 70t 桥面起重机安装节点 A24 ～ A25 间上弦杆、节点横梁及普通横梁	
13	用 70t 桥面起重机安装节点 A24 ～ A25 间悬臂、檐板及泄水槽	

当前节间高强度螺栓终拧、上层弦杆间面板间焊接连接完成、上层横梁面板与上层弦杆面板间焊接完成，桥面起重机前移到当前节间准备下个节间构件吊装。

铁路桥面板间纵缝焊接滞后两个节间，以减少纵缝焊接收缩对当前安装节间主桁架横向间距的影响

3.5.4.4　悬臂拼装段节间钢桁梁架设步骤

桥面起重机前移到位后，在后方专用平台上拼装焊接下层铁路桥面系并安装连接对应的检修轨道。在下层铁路桥面系焊接时进行其他构件安装，先下弦杆，其次腹杆、再次上弦杆，然后整体吊装下层铁路桥面系，最后安装上弦公路横梁，安装施工内容见表3-23。

安装施工内容表　　　　　　　　　　　　　表 3-23

步骤	施工内容	施工示意图
1	依次吊装下弦杆，按规定上冲钉、施拧临时螺栓、松钩，逐次替换高强度螺栓，初拧、复拧、终拧，在吊装对应腹板前完成报验	
2	依次吊装腹杆，按规定上冲钉、施拧临时螺栓，松钩，上弦杆安装定位后替换高强度螺栓	
3	依次吊装上弦杆，按规定上冲钉、施拧临时螺栓，标高报检，松钩，逐次替换高强度螺栓，完成腹杆、上弦杆螺栓初拧、复拧、终拧及报验，焊接上弦顶板对接焊缝	
4	吊装下层铁路桥面系，完成横梁、横肋与下弦杆的拴接施拧，铁路纵梁与已安装节段拴接连接，桥面纵向对接缝装焊，桥面横向对接缝装焊	

步骤	施工内容	施工示意图
5	吊装上层节点横梁，按规定上冲钉、施拧临时螺栓，松钩，逐次替换高强度螺栓	
6	焊接横梁上翼缘板与上弦杆面板间对接焊缝	
7	依次吊装悬臂和檐板，按规定上冲钉、施拧临时螺栓，松钩，逐次替换高强度螺栓，焊接挑臂上翼缘板与上弦杆面板间对接焊缝	

高强度螺栓终拧检查合格及焊缝报验后，桥面起重机前移，准备下个节间构件吊装。

3.5.5　高强度螺栓施拧

高强度螺栓施拧分三部分进行：初拧、复拧、终拧。初拧前应检查拼接部位的冲钉和高强度螺栓是否符合规定。在悬臂拼装时，拼装工班只要求一般拧紧，当悬挂好紧螺栓的脚手架后，螺栓施拧工班才进行初拧、复拧和终拧。初拧和复拧扭矩值为终拧扭矩值的50%，终拧扭矩值由试验数据确定（应另行通知）。

初拧和复拧完毕的高强度螺栓逐个用敲击法检查。初拧检查合格后，用白色油漆在螺栓、螺母、垫圈及构件上作划线标记，以便于终拧后检查有无漏拧以及垫圈或螺栓是否随螺母转动。（检查方法是：螺栓、螺母、垫圈之划线均未错动者为漏拧；螺栓、螺母的划线未错动者为螺栓随螺母转动；螺母、垫圈的划线未错动者为垫圈随螺母转动）。

初拧、复拧和终拧一般使用电动扳手，不能使用电动扳手的部位，可用定扭矩带响扳手施拧。使用定扭矩带响扳手施拧时，要注意施力均匀，不得冲击施拧。施拧完毕后用红色油漆在螺母上作出标记。

无论使用何种扳手施拧，对于插入式拼接的节点，应从节点刚度大的部位向不受约束的边缘方向施拧，其余均应以从螺栓群中间向外拧紧的顺序进行，如图3-101所示。

图 3-101　上弦杆高强度螺栓施拧施工

　　穿放螺栓前，需将栓孔的尘土、浮锈清除干净，如图 3-102 所示。严禁强行穿入螺栓。对于螺栓不能自由穿入的栓孔，应用与栓孔直径相同的绞刀或钻头进行修整或扩钻。严禁气割扩孔。为防止钢屑落入板层缝中，绞孔或扩钻前应将该孔四周的螺栓全部拧紧。对于经绞孔或扩钻的构件及孔眼位置，应有施工记录备案。

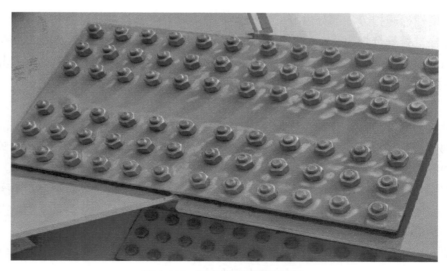

图 3-102　待施拧的高强度螺栓

组装时，螺栓头一侧及螺母一侧应各置一个垫圈，垫圈有内倒角的一面应分别朝向螺栓头和螺母支承面。

不得使用生锈、螺纹损坏、表面潮湿或有灰尘、砂土和表面状况发生变化的高强度螺栓。凡表面状况发生变化的高强度螺栓，应送回原生产厂家重新进行表面处理。重新处理后，按原供货要求进行复验，合格后方可使用。

为防止螺栓在施拧时出现卡游现象，施拧时必须用套筒扳手卡住螺栓头（卡游现象指拧紧螺母时，螺栓跟着转动）。

温度与湿度对扭矩系数影响很大，当温度与湿度变化较大时，可根据利用当天上桥的高强度螺栓，在扭矩、轴力测试系统（以下简称扭、轴仪）上标定电动扳手时所得的扭矩系数平均值，调整终拧扭矩。

桥上当天穿入节点板中的高强度螺栓必须当天初拧或终拧完毕。终拧扭矩检查应在4h以后、24h以内进行。雨天不得进行高强度螺栓施拧。

高强度螺栓经终拧检查合格后，其螺栓头、螺母、垫圈的外露部分应立即涂装（雨天和严寒天气除外），板层尤其是朝上的缝隙应用腻子腻缝，如图3-103所示。

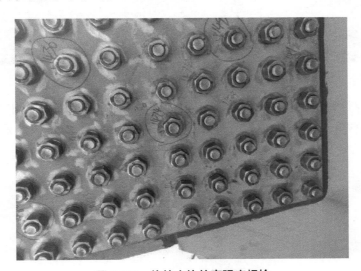

图 3-103　施拧完毕的高强度螺栓

3.5.6　桥面系焊接

桥位焊接将遵循项目焊接操作的有关规定，并按现场施工条件做焊接工艺评定及焊接工艺评定试验。

工地焊接须严格按工地焊接工艺评定的焊接工艺、方法及施焊参数进行。工地焊接是在强约束条件下施焊，将使用防止焊接裂纹的工艺及相关措施。

在储存和运输过程中，保护所有需要现场焊接的接口不受腐蚀及污染，直至接口被焊接。

现场焊接将采用自动化工艺。在不适合进行自动化操作的地点，可采用经工程师同意的替代工艺进行施焊。

制定现场横向焊缝的焊接工艺时，将能保证容许的焊缝间隙可在一定范围内调整，且将按最大缝宽 30mm 做焊接工艺评定试验，如图 3-104 所示。

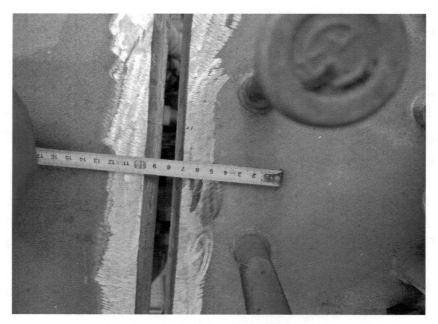

图 3-104　焊缝对口间隙焊接前检查

为避免仰焊焊接，平位拼接焊缝采用陶质衬垫，单面焊双面成形工艺，CO_2 气保焊打底，埋弧焊填充、盖面，埋弧焊分道焊接，提高焊缝韧性，其余焊缝采用 CO_2 气保焊，如图 3-105 所示。

图 3-105　对接焊缝坡口陶质衬垫

焊接顺序：工地梁段吊装到位、调整好间隙后再实施焊接。桥面板对接焊缝的焊接由4~6名焊工从中间向两边分段、对称、同时施焊，如图3-106所示。

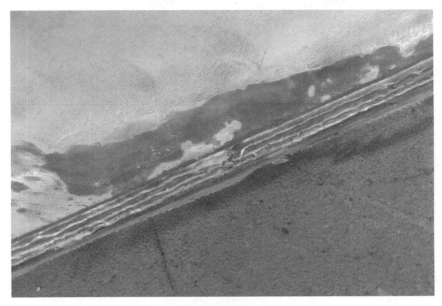

图3-106　焊缝

焊接采用多层多道焊：

①多层多道焊的接头将错开，每层焊道的高度控制在4~5mm之间。

②每道每层之间要求清渣彻底，自检前层前道焊缝无裂纹、气孔等焊接缺陷后，方可进行下道下层的焊接，直至焊接完成。

③每层每道宜连续施焊。

3.5.7　钢桁梁涂装

1. 焊缝及破损处修补

钢构件上桥后需检查损伤并即时修复，焊缝涂装前后全面检查确保无缺陷。焊缝处理需与非焊缝同标准，破损修补及箱内焊缝可用机械打磨代喷砂除锈，涂料需检验合格方可使用，保护已防腐表面免受损。

2. 未损伤至底材的部位损伤面修复

未损至底材部位，机械打磨与砂纸结合至阶梯坡状，清洁后按原涂装体系补涂。各工序须经自检、互检、专检，报甲方及监理检验合格，记录结果并填表。

3. 损伤至底材的部位损伤面修复

大面积底材损伤需喷砂除锈，周边涂层打磨至阶梯状，清洁后补涂。小面积损伤则直接机械打磨至阶梯状后补涂。每道工序均自检、互检、专检并报检，合格后记录填表。换墩涂装方案同此，如图3-107所示。

4. 最后一道面漆涂装

最后面漆在安装后整体涂装，质量关乎整体涂装效果，需严守工艺纪律保质量。施工前做好防护，避免污染，如图 3-108 所示。

图 3-107　钢桁梁涂装层检查

图 3-108　轨道桥面板整体涂装施工完成

3.5.8　桥面板起吊与安装

3.5.8.1　桥面预制板运输

从存放位置运输到桥面板安装起吊设备处，采用平板车运输，每次运输一块，平板车上加垫枕木，避免预制板和平板车直接接触。枕木要求固定在平板车上，防止运输途中产生相对滑动，如图 3-109 所示。

图 3-109　平板车运桥面板运输

3.5.8.2　桥面预制板起吊

为减少混凝土收缩徐变对结构产生的不利影响，要求预制板存放时间应大于 6 个月。预制板起吊前需先进行试吊保证吊装设备安全，且性能可靠。在吊装半径内不得有现场人员靠近，桥面板起吊位置离安装位置垂直距离小于 0.5m 时施工人员方可靠近，如图 3-110、图 3-111 所示。

图 3-110　桥面板存储场地

图 3-111　桥面板起吊

3.5.8.3　预制板安装

预制板起吊前，事先将宽 5cm，厚 5cm 的橡胶带牢固粘贴在钢梁上预制板安装位置的周边，预制板下落要缓慢，就位后检查橡胶条四周是否压紧，严密性是否满足要求，以防止在湿接缝浇注时候出现漏浆现象。预制板安装位置必须由专人确认保证准确无误。

预制板起吊时，采用四点起吊，起吊时需缓慢进行，并保证四个吊点均匀受力，可采用吊架，如用绳索起吊，则起吊索与预制板水平面的夹角不宜小于 45°。吊装预制桥面板时，应轻起轻落，不得受到碰撞，尤其注意保护预制桥面板边缘剪力键，如图 3-112～图 3-114 所示。

图 3-112　桥面板安装 （一）

图 3-113　桥面板安装（二）

图 3-114　桥面板安装（三）

1. 引桥第三、第四联

（1）待钢梁架设安装完毕后，利用桥面吊机依次吊装、安装预制混凝土桥面板，对后浇的湿接缝混凝土进行等重预压。

（2）先施工跨中部分 2 个节间及 3 号、S7 号、S14 号边墩顶 4 个半节间的混凝土板与主桁结合，中间墩顶（S1 号～S6 号、S8 号～S13 号中墩）5 个节间范围（60m）的混凝土板先不与主桁结合。

（3）待新浇筑混凝土的实际强度及弹模达到设计值的100%，将S6号、S8号墩顶的钢桁梁支点起顶22cm（两片主桁需同步、缓慢起顶），逐批次浇筑S6号、S8号墩顶混凝土板湿接缝，使混凝土板与主桁结合，待新浇筑混凝土的实际强度及弹模达到设计值的100%，且龄期大于7d，同步、缓慢回落钢梁至设计高程。

（4）重复上述步骤，按顺序逐次对S5号~S1号、S9号~S13号墩进行顶梁、墩顶混凝土板结合、落梁操作，其中S5号~S2号、S9号~S12号墩处顶落量为17cm，S1号、S13号墩顶落量为22cm。需注意，第三联的顶落梁次序为长乐侧至福州侧墩，第四联的顶落梁次序为福州侧至长乐侧墩。

2. 引桥第五联

（1）待钢梁架设安装完毕后，利用桥面吊机依次吊装、安装预制混凝土桥面板，对后浇的湿接缝混凝土进行等重压重。

（2）先施工跨中部分的混凝土板与主桁结合，中间墩顶5个节间范围的混凝土板先不与主桁结合。

（3）待新浇筑混凝土的实际强度及弹模达到设计值的100%，将S15号墩顶的钢桁梁支点起顶25cm（两片主桁需同步、缓慢起顶），一次浇筑S15号墩顶混凝土板湿接缝，使混凝土板与主桁结合，待新浇筑混凝土的实际强度及弹模达到设计值的100%，且龄期大于7d，同步、缓慢回落钢梁至设计高程。

3. 引桥第六、第七、第八联

待钢桁梁架设安装完毕后，利用桥面吊机依次吊装、安装预制混凝土桥面板，保证安装位置准确，且桥面板湿接缝应一次连续浇筑完成，对混凝土浇筑完成的湿接缝进行等重预压，如图3-115所示。

图3-115 湿接缝施工

3.5.9　顶落梁及线形调整

1. 墩顶布置及钢梁线形调整

钢桁梁在悬臂安装到达前方墩位后，如钢桁梁悬臂端横向偏移较大时，可在起顶前横移调整到位。钢桁梁最终定位纵移可利用温差进行调整。钢桁梁横移调整偏位前，各节点螺栓必须终拧完毕，以防钢桁梁受横向水平力的影响造成钢桁梁轴线发生曲折。每个节间拼装完成后都需要监测弦杆平面位置，超过规定值时要进行调整。

主墩墩顶钢桁梁架设时，利用墩顶布置的千斤顶作为位移调整系统。墩顶分别布置滑道梁、400t 竖向千斤顶和 250t 水平千斤顶，桥面板施工时用 800t 竖向千斤顶。滑道梁布置在墩顶上，作为竖向千斤顶及横向千斤顶的支撑结构；竖向千斤顶布置在钢桁梁的起顶点的下方，并支撑在滑道上，竖向千斤顶和滑道之间设置垫梁作为传力构件，在垫梁与滑道梁之间设置不锈钢板和四氟滑板，作为钢桁梁横移滑动面。在滑道梁反力座与纵向千斤顶垫梁之间布置横向千斤顶，作为钢桁梁的横移装置。钢桁梁横移前，首先需要对钢桁梁进行竖向起顶，方能进行钢桁梁横移操作。钢桁梁横移过程中，要利用顶移反方向的千斤顶作为保险装置，以防超顶。

2. 顶落梁施工工艺

1）顶落梁

顶落梁主要采用油压千斤顶，千斤顶顶部附保险箍用以防止施顶期间因某部件发生故障而突然下坠的事故。同时设升程限位孔或其他标志，防止活塞顶出过多造成拉缸现象。

在千斤顶的活塞顶面及顶下安装分配梁，将集中荷载分布到较大范围内。分配梁一般采用旧轨截成 800～1200mm 长度后组焊成扣轨束经刨削平整而成。

支垛随钢桁梁一同起落，采用枕木纵横交错叠成，并以较薄的垫块、垫板调整高度。

2）就位

待钢桁梁安装到位且所有高强度螺栓均已终拧后即可开始落梁操作，调整钢桁梁平面位置将钢桁梁承重点从支架上转换到正式桥墩的支座上。

钢桁梁的位置调整通过墩顶布置的横向及纵向调节装置来实现，纵向调整在钢桁梁顶推至墩顶后大致对位，再通过墩顶千斤顶水平向微调定位，钢桁梁的横移即是先在钢桁梁的支点下布置千斤顶，各点均匀、同步起顶少许后，利用墩顶上的横移设备，将钢桁梁横移至设计位置，再缓慢下落至支座上。

千斤顶的位置安放要准确，千斤顶中心和起顶中心位置偏差不大于 5mm，下支承面抄平。上支承面及各垫层间放置石棉板防滑材料。顶落梁中，为适应支点水平位移，千斤顶底部设置 MGE 板垫座。顶落梁时，千斤顶有专人打保险箍，并在正式支座顶进行抄垫，将正式支座作为两个保险支垛。千斤顶起顶钢桁梁，抽出一层枕木垛，卸千斤顶，钢桁梁再次落到枕木垛上，倒换千斤顶循环此工序，直至梁体就位。

在钢桁梁落到距支座表面 1～2cm 时检查钢桁梁及支座的平面位置，然后落梁定位。钢桁梁位置与设计不一致时，通过水平千斤顶，进行钢桁梁纵横向位置调整，使之符合设计要求，纵、横移钢桁梁移至设计位置。

完成钢桁梁纵横向位置调整，继续落梁，单端 2 台千斤顶落梁同步率控制在 5mm。

落梁施工测量内容：整体轴线偏差、底部支撑点十字线与支座上摆中心偏差，桥轴线上每 2m 分点标高值（与设计值比较），梁长等。

3）顶落梁使用的油压千斤顶，须带顶部球形支承垫保险箍，共同作用的多台千斤顶选用同一型号，用油管并联。油压千斤顶、油泵、压力表、油管长度力求一致。为准确掌握支点反力，应对千斤顶、油泵、压力表一并配套校正。

4）顶落梁中，上支承面及各垫层间应放置石棉板防滑材料；为适应支点水平位移，千斤顶底部应设置 MGE 板垫座，垫座中心应与千斤顶中心轴重合。

5）顶落梁施工应按设计文件办理，千斤顶中心轴应与支承结构中心线重合，对顶落高程、支点反力、支点位移，跨中挠度等变化，应进行观测和记录。

6）顶落梁时必须设置保险支座，同一墩的上、下游及中间三点，除调整高程时分别起顶外，均同步进行。在顶落梁过程中搁置在临时支座上时，应测量两桁支点高差，当高差大于 3mm 时，调整两支点高程。顶落梁前必须栓合的部位应在施工细则中制定。

7）千斤顶安放在墩顶及梁底的位置均应严格按设计规定安放，并不得随意更改。

8）在顶落梁及纵横移时，应由值班工程师负责，并做好记录，使用多台千斤顶顶落梁时，应统一指挥，由专人负责。

9）使用千斤顶必须遵守下列原则：

泵尽量摆在两桁中间，使油管长度大致相等，使用锭子油。千斤顶起顶时，一定要随时旋上保险箍，顶的上、下各垫石棉板。起顶时保险箍不能一次打到顶，亦不能顶死，需与缸体顶面保留 5～10mm 空隙，随时松旋，以防将保险箍压坏，并随时预防万一。

第三～第六联桥面板安装完后，根据设计图要求，钢梁落梁并精确调整纵横向位置，桥面板安装到位后施工湿接缝。湿接缝施工中要求永久墩处依次顶起一定高度，按顺序依次为，第三联：S1 号和 S6 号起顶 220mm，S2 号～S5 号起顶 170mm；第四、第五、第六联：S8 号墩顶主梁起顶 220mm，S15 号墩顶主梁起顶 250mm，S9 号～S12 号起顶 170mm，S13 号墩顶主梁起顶 220mm，起顶到设计要求后加垫块稳定，施工相应位置湿接缝，湿接缝达要求后落梁。

3.5.10 钢桁梁永久支座安装

1. 支座类型及布置

第三～第五联为多孔连续梁，固定支座设置在第四孔小桩号端上游侧。钢梁安装起始跨采用支架法，其他各孔设置一个临时墩采用悬臂法安装。支座在钢梁安装前预置到墩顶。

第六、第七、第八联为简支梁，固定支座设置在小桩号的上游侧，钢梁由小桩号向大桩号方向采用支架法安装。钢梁安装前，将对应的支座预置到墩顶。

整孔钢梁安装到位调整好纵横向位置后，根据设计温度、环境温度、钢材热膨胀系数及支座相对位置计算支座预偏量，精确定位支座并连接和浇筑。支座精确定位时间安排在环境温度相对稳定时间段。

全桥支座均采用双曲线减隔震球形钢支座系列，支座垫石采用 C50 混凝土，支座规格有 15000kN、17500 kN、20000kN、25000kN、40000kN、45000kN 等。跨江桥支座参数表见表 3-24。

跨江桥支座参数表   表 3-24

部位	项目	规格	单位	数量	地震位移 mm
3 号、S7 号、S14 号	竖向支座	KZQZ 15000 DX	套	3	纵、横向地震位移为 ±250
	竖向支座	KZQZ 15000 ZX	套	3	
S1 号、S2 号、S4 号、S5 号、S6 号、S8 号、S9 号、S11 号、S12 号、S13 号	竖向支座	KZQZ 40000 DX	套	10	
	竖向支座	KZQZ 40000 ZX	套	10	
S3 号、S10 号	竖向支座	KZQZ 40000 GD	套	2	固定支座
	竖向支座	KZQZ 40000 HX	套	2	
S14 号、S16 号	竖向支座	KZQZ 17500 DX	套	2	纵、横向地震位移为 ±100
	竖向支座	KZQZ 17500 ZX	套	2	
S15 号	竖向支座	KZQZ 45000 GD	套	1	固定
	竖向支座	KZQZ 45000 HX	套	1	
S16 号	竖向支座	KZQZ 20000 GD	套	1	固定
	竖向支座	KZQZ 20000 HX	套	1	
S17 号	竖向支座	KZQZ 20000 ZX	套	1	纵、横向地震位移为 ±150
	竖向支座	KZQZ 20000 DX	套	1	
S17 号	竖向支座	KZQZ 25000 GD	套	1	固定
	竖向支座	KZQZ 25000 HX	套	1	
S18 号	竖向支座	KZQZ 25000 ZX	套	1	纵、横向地震位移为 ±150
	竖向支座	KZQZ 25000 DX	套	1	
S18 号	竖向支座	KZQZ 25000 GD	套	1	固定
	竖向支座	KZQZ 25000 HX	套	1	
S19 号	竖向支座	KZQZ 25000 ZX	套	1	纵、横向地震位移为 ±150
	竖向支座	KZQZ 25000 DX	套	1	

2. 支座安装工艺

边墩支座约重 4.5 至 9t，中墩支座重约 14t，且尺寸都较大，钢梁结构安装到位后很难吊装到位，因此支座安装采用预置法。钢桁梁安装到桥墩前，根据设计图纸中支座的布置形式选用支座，由平板车通过主栈桥倒运至安装跨，由一台 100t 履带式起重机将支座起吊至墩顶垫石上预置，钢梁全部拼装完成后，利用墩顶纵、横向调位装置进行纵向和横桥向精确调位，最后利用千斤顶顶升主梁，通过滑移轨道安装永久支座进行锚栓。支座垫石施工时标高按低于设计标高 1~3cm 控制，支座安装前，用 C50 水泥砂浆进行调平。公路桥面板湿接缝混凝土用"强制位移法"浇筑，即桥墩处按设计要求依次起顶钢梁浇筑公路桥面板湿接缝时，对墩顶支座进行锚栓灌浆，在落梁后，将支座上座板与钢梁支座垫板进行螺栓连接，完成支座安装。

钢梁支座安装前应先将支承垫石表面凿毛，凿毛时应临时封堵支座螺栓预留孔，防止异物进入预埋孔，影响锚栓安装。同时应复测墩顶上预留的锚栓孔位置，修凿整理后完全符合设计要求。

永久支座安装前，需利用支座临时锁扣将支座上、下部位临时锁死，防止安装过程中发生移动。

1）固定支座安装

每联桥梁支座安装应以固定支座为主要控制点，避免联端间距过大或过小。固定支座安装应按设计里程及钢梁各墩跨距离来确定固定支座中心里程，用钢楔块对支座的标高进行精确调整。固定支座完成精调后，开始对钢梁平面位置进行检验和调整，钢梁精调后，对固定支座再进行一次测量复合，确定固定支座的最终位置无误后，等待模板安装和灌浆。

2）活动支座安装

（1）固定支座定位后，活动支座底板安装应根据设计文件并结合实测梁跨进行处理，应以钢梁温度为基准。当施工气温不同于设计温度时，应按设计图提供的资料进行计算，确定支座安装的位置偏移量并与钢梁支座垫板螺栓孔位相互校验。

（2）用钢楔块对活动支座的标高进行精确调整。支座完成精调后，再对支座再进行一次精确测量，确定活动支座的最终位置无误后，等待围堰模板安装和灌浆。

（3）应对活动支座移动部分进行防尘清洁，严禁碰伤污染，滑动面应涂硅脂，硅脂填充要求饱满，不得夹有气孔。

3）支座灌浆

千斤顶按照设计要求将钢桁梁起顶到设计高程，进行公路桥面板湿接缝混凝土浇筑，同时进行支座灌浆。本工程支座灌浆料采用重力灌浆法，封边围堰应严密不漏浆，当灌入的灌浆料从其他出浆口流出时，表示内部已经灌满。待湿接缝混凝土强度和支座灌浆料强度达到设计强度后，将钢桁梁落梁于支座上，安装支座连接螺栓，解除支座上下座板的连接固定板，完成支座安装。

3.6 南接线现浇箱梁

3.6.1 概述

南接线桥梁全长约 1365.5m，分上下两层，共设 10 联。上层梁采用等高现浇连续箱梁，标准段梁宽 25m，采用单箱三室，梁高 2.3m，顶、底板厚度采用 28cm、26cm，翼板厚度 20～70cm，翼板宽均为 3.5m，中横梁宽 2.5m，端横梁宽 1.8m。轨道梁均为预应力简支箱梁，采用单箱单室，底板厚度采用 28cm、26cm，翼板厚度 20～50cm，翼板宽均为 2.2m，梁宽 9.8m 和 10m，下部结构与公路桥梁公用桥墩，如图 3-116 所示。

3.6.2 现浇支架工程

支架体系的结构形式为：

支架体系结构自下而上由钢管立柱、双拼 700mm×300mmH 形钢、贝雷梁、I12.6 工字钢分配梁（公路梁）、盘扣支架（公路梁）、I12.6 工字钢分配梁双拼 [12.6]、10cm×10cm 方木、木底模、侧模及支撑等构成，如图 3-117～图 3-121 所示。

图 3-116　南接线桥梁双层现浇梁实景图

图 3-117　陆域区现浇支架搭设（上层公路梁）

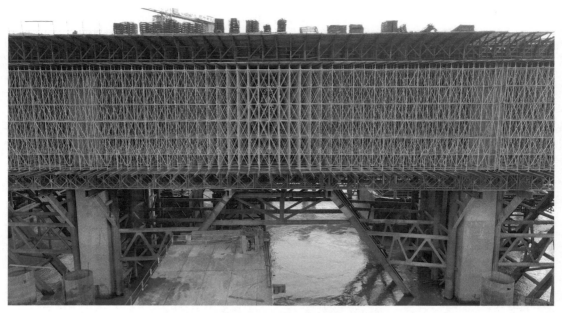

图 3-118　水上现浇支架搭设 （上层公路梁）

图 3-119　水上现浇支架搭设 （下层轨道梁）

3.6.3　模板工程

1. 模板设计与制造

盘扣架可调节底托顶部采用 I12.6 工字钢作分配梁，方木满铺，横桥向间距 30cm，腹板处加密为 20cm。

公路梁、轨道梁底模采用 15mm 厚竹胶板，侧模采用定型钢模板（或定型钢架 +15mm

竹胶板）。

侧模支架采用定制钢架，竖向采用 I12.6 工字钢加固，防止模板在浇筑混凝土过程中局部出现变形，外侧模板的加工质量直接影响箱梁的外观质量，加工完成后，要对模板进行反复打磨，保证模板表面光洁、无错台；内模采用木模。

图 3-120　上层公路梁预压施工

图 3-121　下层轨道梁预压施工

2. 模板试拼与运输

钢模板在工厂内检查合格后运抵施工现场试拼装，拼装场地要求平整空旷，模板拼装设备采用 50t 汽车式起重机。

模板试拼完成后，拆卸，对模面进行清理、打磨并涂抹脱模剂，经现场技术员检验合格后通过9m长平板车运输至指定位置安装，垂直方向运输采用塔吊，辅以汽车式起重机进行起吊至指定位置

3. 模板安装

梁段模板安装工艺流程为：底模→外侧模→翼缘板底模→底、腹板钢筋→内侧模→浇筑混凝土→顶板模→顶板钢筋→浇筑混凝土。

1）底模安装

现浇梁底模采用竹胶板，底模的平面尺寸误差符合规范及验标规定。底模铺设后平稳、密贴，不得有空隙，且不得漏浆，底模两侧顺直，不得错台，与外模接触的边缘须经过刨面处理，以保证与侧模密贴不漏浆。底模下垫块不得沉陷和下挠，同时便于拆除，如图3-122所示。

图3-122 竹胶板底模

2）侧面安装

侧模采用钢模（定型钢架＋竹胶板），保证板面平整、光洁、无凹凸变形及残余黏浆，模板接口处清除干净。检查所有模板连接端部和底脚有无碰撞而造成影响使用的缺陷或变形，振动器支架及模板焊缝处是否有开裂破损，如有均应及时补焊、整修。侧模与底模板相对位置应对准，用顶托调整好侧模垂直度，并与端模联接好。侧模安装完后，用螺栓联接稳固，并上好全部上拉杆，如图3-123所示。

3）内模安装

内模采用木模，内模应在底、腹板钢筋绑扎完成并检查验收后安装。内模安装前应先检查模板，保证模板清理干净，涂涮了隔离剂，内模拼成整体后用宽胶带粘贴各接缝处以防止漏浆。内模安装完毕后检查各部位尺寸，应符合设计要求。内模和外模间设置临时支撑、设置杆和拉杆，保证模板位置安装准确。

3.6.4 钢筋工程

钢筋在预制场进行放样、加工成型，然后用汽车运至施工现场上，由起重机吊运配合

绑扎安装。

　　在梁段底模安装完成后，便可进行梁段钢筋网片及骨架绑扎安装。根据设计图纸，梁段钢筋分二次绑扎成形，第一次绑扎梁段底、侧板钢筋，第二次绑扎梁段箱顶板钢筋，如图 3-124 所示。

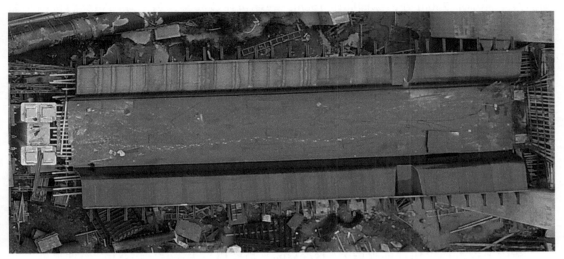

图 3-123　现浇箱梁侧 （钢） 模板

图 3-124　上层公路梁钢筋绑扎

3.6.5　预应力工程

1. 材料及设备进场检验

钢绞线、锚具、夹具、波纹管、张拉、压浆设备严格进行检验。

2. 塑料波纹管安装

在梁体内采用定位钢筋加 U 形防崩钢筋的方法固定波纹管。定位钢筋在钢束直线段间距 50cm，在弯曲段钢筋间距 30cm，定位钢筋网钢筋必须与梁体纵、横向受力主筋焊牢，定位网钢筋的水平、竖向钢筋联接处必须焊接。防崩钢筋设在钢束平弯处及箱梁腹板圆曲线半径小于 250m 处，纵向间距 15cm，一端包住波纹管，另一端与箱梁腹板内平曲线外侧纵向钢筋勾住，与箱梁钢筋焊牢。

波纹管在加工场分节加工，为方便运输安装，每节加工长度一般为 10m。为方便波纹管接长，波纹管连接时设置接头管，接头管外径一般比原波纹管大 5mm，接头管长度大于 20cm，并用塑料胶带缠绕，保证连接严密，不漏浆。当梁内普通钢筋与预应力钢束位置矛盾时可适当调整普通钢筋，确保管道准确定位。

锚垫板设置位置、尺寸必须准确，锚垫板必须与预应力管道垂直，并且固定牢固，防止在混凝土浇筑过程中移位或倾斜。

锚具垫板及喇叭管尺寸要正确，喇叭管的中心线要与锚具垫板严格垂直，喇叭管和波纹管的衔接要平顺，不得漏浆、并杜绝堵塞孔道。

锚垫板下口的钢筋网片及螺旋筋必须按设计要求设置，严禁在施工过程中破坏。

3. 钢绞线的下料穿束

预应力钢束均采用标准强度 f_{pk}=1860MPa、弹性模量 E=1.95×105MPa 的高强度、低松弛钢绞线。

1）预应力钢绞线的下料

（1）施工时应对实际钢束进行孔道摩阻实验，以确定最终合适的伸长量。钢束实测伸长量与计算伸长量允许误差不能超过 ±6%。

（2）钢绞线下料须在平整的混凝土场地上进行，下料后剩余钢绞线及时用油布遮盖，以防钢绞线进水生锈。

（3）钢绞线下料时必须保证钢绞线顺直，不得有扭曲、弯曲，并用梳丝板理顺钢绞线，钢绞线不得使用电或氧弧切割，须采用砂轮切割机切割。

（4）应检查每捆钢绞线有无不均匀初应力，存在不均匀初应力的钢绞线禁止使用，应予退货。

（5）预应力钢束的定位钢筋网在钢束直线段间距不大于 50cm，曲线段不大于 20cm，钢筋数量和规格详见对应数量表，定位钢筋网必须与主梁钢筋焊牢，确保管道定位准确。

2）预应力筋编束

（1）编束时钢绞线之间不得互相扭结在一起，须顺直。

（2）完成下料编束后，成束的钢绞线上应挂上标牌注明梁号、管道号及钢绞线长度，然后盖上油布，待以后穿束。

3）穿束

（1）钢绞线采用人工为主、卷扬机为辅的穿束方法。

（2）短束一般用人工直接穿，即用人力直接托起钢束，束头在前，从孔的一端向另一端推进，人工穿束需 8～10 人。

（3）较长束要先穿引丝，引丝用高强钢丝或钢绞线，引丝用人工先穿，穿过后，一端连接在钢束头上，另一端用卷扬机牵引，并且人力辅助推送。

4. 张拉

对相应需张拉构件混凝土试块进行抗压检验，待混凝土强度达到设计强度的 90%，弹性模量不低于 $3.45×10^4MPa×80\%$，且养护龄期不少于 7d 以后，进行张拉预应力。

预应力张拉时采用伸长量与张拉力双控，并以张拉力为主，实测伸长量与计算伸长量容许误差应控制在 ±6% 以内。

现浇箱梁预应力张拉施工采用智能张拉系统。

5. 管道压浆

预应力压浆采用真空压浆工艺，浆液搅拌采用高速灰浆搅拌机。施工工艺流程为：钢绞线切割完成→清除锚座面、密封槽及装配螺孔内的水泥浆→密封锚头→压浆前准备工作→配置浆液→真空机工作达到设计负压值→压浆→稳压→工后清理→封锚。

预应力筋终张拉完成后，宜在 48h 内进行管道压浆，压浆采用强度等级不低于 42.5 级低碱普通硅酸盐水泥，掺高性能预应力管道压浆剂，在试验人员指导下进入砂浆搅拌机进行搅拌。

水泥浆从搅拌至压入孔道内的间隔时间不超过 40min，在此时间内要不断搅拌水泥浆。

6. 封锚

压浆完成后，对需封锚的部位及时进行混凝土浇筑。封锚施工时，先对锚具周围的混凝土进行人工凿毛，冲洗干净后，设置钢筋网、支立模板并浇筑混凝土。封锚混凝土采用与现浇箱梁同标号微膨胀混凝土。

现浇箱梁端锚穴处凿毛处理要充分均匀，露出新鲜混凝土面，凿毛时要确保梁端面及锚穴棱角免遭破坏。凿毛后锚穴须清理干净，封锚前用水清洗润湿。

3.6.6　混凝土工程

在梁体钢筋及模板安装就位，并检查合格后，即可开始浇筑梁段梁体混凝土。由于梁段梁体混凝土数量大，且为高性能混凝土，为缩短灌注时间，施工时采用铺设的混凝土输送泵直接将混凝土泵送至模板内浇筑梁段混凝土，混凝土具体配合比和搅拌工艺由试验确定。

3.6.6.1　混凝土浇筑

浇筑混凝土时水平分层分段进行，箱梁混凝土分两次浇筑完成，第一次浇筑底板和腹板，第二次浇筑顶板。混凝土灌注是从两端向跨中灌注，底板所缺部分混凝土由底板中部的预留天窗灌入。

底板混凝土厚度严格控制，沿梁长每 2m 设一厚度控制标记；腹板捣固时若混凝土从内模下冒出底板时，停止振捣，待混凝土浇筑完毕后，对内模与底板接触处进行处理和压光。

3.6.6.2　混凝土养护

（1）安排专人负责混凝土的养护，尤其要加强混凝土的早期保湿养护。

（2）混凝土浇筑完毕初凝后，顶板和底板面用浸湿的土工布覆盖洒水养护。顶面布置一个 10m³ 的水箱贮存养护用水，如图 3-125 所示。

（3）洒水次数应以混凝土表面保持湿润状态为度。

（4）梁段侧模板拆模要不少于 5d，通模板保水养护腹板混凝土。

（5）在对梁体进行洒水养护的同时，要对随梁养护的混凝土试件进行洒水养护，使试件与梁体混凝土强度同步增长。

图 3-125　现浇箱梁覆膜养护

3.6.7　上下层支架体系转换施工

上层梁混凝土浇筑完毕后，箱梁强度达到 100% 以上后，方可拆除上层梁模板。临时支墩切割至下层梁临时墩顶标高，将上层支架整体下放至下层梁底标高，待进行预压稳定后，方可进行下层梁施工。施工时注意如下事项：

（1）支架。

①上层梁支架拆除下的材料，返厂加工后可继续用于下层梁施工。

②下层梁支架搭设时，应注意吊装净空高度，防止汽车式起重机触碰上层梁梁底。

③下层梁搭设完毕后，须进行预压，消除非弹性变形，并做好观测。

④下层梁临时支墩连接系须根据图纸改变。

⑤上下层箱梁结构中心线部分不重合，支架搭设需注意偏移。

（2）纵横坡处的调整措施。

支架纵横坡处的调整主要是通过盘扣架的顶托的伸长量来实现，顶面通过方木组成木排架进行精确调整。

3.6.8　支架拆除

箱梁支架应待箱梁预应力钢绞线张拉、压浆完成、强度达到 100% 以上方可拆除，支架拆除施工应按照先通过沙箱（或盘扣顶托）使得支架与箱梁脱离，后由上到下拆除的顺序进行。

　　箱室内顶模在混凝土强度能达到设计强度的 75% 时（一般在浇筑 5～7d 后），才能拆除，内模由人工分块拆除，通过顶板人孔运出梁体。

　　外模板（翼缘板及底板）在箱梁强度达到设计强度后（拆模前检测同条件养护试块强度），方能拆除。拆除支架模板时，应先拆除翼缘模板，再拆除底模板。

　　陆上支架拆除应先拆除跨中临时支墩，然后向两侧支点依次拆除。

　　拆架程序应遵守由上而下，先降后拆的原则，即先打开沙箱的螺栓，让沙箱内的沙流出下降，使底梁板、翼缘板底模与梁体分离（或通过降低顶托的伸长量使底梁板、翼缘板底模与梁体分离）。通过 50t 汽车式起重机依次从上到下拆除模板、方木、贝雷、承重梁、临时支墩等。

4 关键技术

4.1 浅覆盖层或裸岩区栈桥嵌岩植桩施工关键技术

4.1.1 研究背景

钢栈桥作为连接长乐岸的唯一陆上通道，担负着施工时各种材料运输及车辆通行，必须满足质量和进度要求，保障施工安全有序地进行，为探究在各种荷载的考虑工况作用下，各构件强度、刚度满足要求，满足要求，稳定性能良好的基础上对浅覆盖层或裸岩区栈桥嵌岩植桩施工进行研究，总结后得出。

4.1.2 内容

该技术内容主要有抛石区桩基施工方法、裸岩桩基处理方案及施工方法。

4.1.3 关键技术

1. 抛石区桩基施工方法

抛石区位置块石较大，钢管桩难以下沉。因此采用冲孔灌注桩施工方案；钢栈桥的钢管桩基础采用 630mm 和 800mm 直径钢管桩，主栈桥钢管桩间距为 3.5m，钢管桩之间采用双拼槽钢平联，主要设计 S3 跨～S6 跨。

抛石区桩基施工主要要求如下：

钻进前应对各项准备工作进行认真详细的检查，确保无误时方可钻进。

钻孔开始时，应小冲程开孔，并应使初成孔的孔壁坚实、竖直、圆顺，能起到导向作用，待钻进深度超过钻头全高加冲程后，方可进行正常冲击。冲击钻进过程中，孔内水位应高出护筒底口 500mm 以上，掏取钻渣和停钻时，应及时向孔内补水保持水头高度。如护筒底土质松软发现漏浆时，可提起钻头，向孔内投放膨润土，再放下钻头冲击，使胶泥挤入孔壁堵住漏浆空隙，待不再漏浆时，继续钻进。

钻孔开始后应随时检测护筒的水平位置和竖直线，如发现偏移，应将护筒拔出，调整后重新钻进。

在钻孔排渣、提钻头除土或因故停机时，应保持孔内具有规定的水位和要求的泥浆相对密度和黏度。处理孔内事故或因故停机，必须将钻头提出孔外。

为防止冲击过程中出现塌孔，可选择大直径钢护筒、埋深深点并在此护筒内套桩基护筒；一边冲击一边桩基护筒下沉；同时采用 PHP 泥浆。待穿过填石层后，到基岩层桩基钢护筒停止下沉；沉渣必须清干净，沉渣不得大于 5cm。待清孔结束后，再向冲孔内内灌注 C25 混凝土，并及时下放钢管桩且下振。

若抛石区桩基无法正常冲进，可考虑在冲击找平后，采用裸岩植桩的施工工艺。

2. 裸岩桩基处理方案及施工方法

裸岩位置水深较深，钢栈桥的钢管桩基础采用 630mm 和 800mm 直径钢管桩，主栈桥钢管桩间距为 3.5m，钢管桩之间采用双拼槽钢平联，主要针对覆土深度小于设计最小 25m 值，涉及 S3 跨～S18 跨（S19 跨～SR4 跨）。

1）方法概述

裸岩位置的处理采用锚杆嵌岩植桩的方式处理，本方案参考港口工程预制型锚杆嵌岩桩原理设计，首先在已经架设好的钢栈桥上悬臂贝雷片到下一跨钢管桩位置，并在悬臂前端支撑临时支架以稳固悬臂工作时的稳定性，下放钢管桩到裸岩顶，对于存在较厚临时覆盖层位置进行适当的抛石以稳定钢管下部，对于无覆盖层位置，进行抛石围护并施工水下混凝土，在钢管桩四周形成有效支护，钢管桩固定后，采用地质钻机在钢管内部钻孔，清空以及下放导管和锚杆，灌注混凝土并根据计算结果在钢管内部适当超灌，形成一部分钢管混凝土以灌注混凝土与钢管形成整体，达到植桩的目的，如图 4-1 所示。

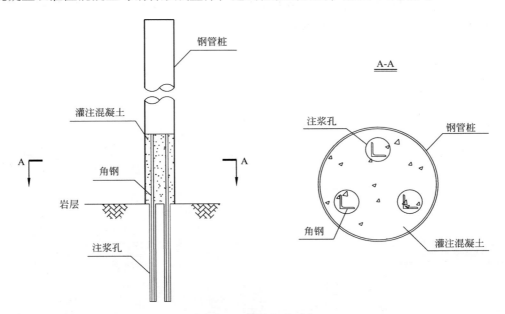

图 4-1 钢管桩锚固示意

施工过程使用的机械设备包括地质钻机，临时支架，混凝土灌注相关设备等，此方法一旦形成流水作业，施工速度较快，能够有效控制工期，如图 4-2、图 4-3 所示。

2）施工步骤

施工流程：施工准备→钢管桩临时固定→浇筑水下混凝土→锚孔钻进→下放锚杆、安装注浆导管→注浆。

（1）首先在已安装好的钢栈桥上悬臂适当贝雷片到指定位置，并在前端就位可调节支架，支撑在悬臂端，形成施工平台。

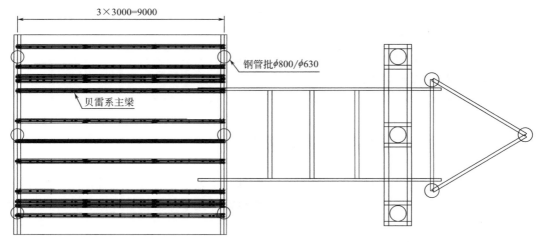

图 4-2　施工示意图

（2）在施工平台上安装两根 I32 钢材导向装置，临时固定在钢管桩上部，并微调固定钢管，并在下部焊接 I32 八字撑，确保钢管的稳定。

（3）浇筑水下混凝土。为防止管内混凝土漏浆，钢管桩外围 50cm 处码砌 50cm 沙袋，采用导管灌注水下混凝土，一经开始灌注，连续灌注直至完成，中途不得停止浇筑，浇筑高度高于河床 2m。

（4）锚杆钻进。采用履带式起重机把地质钻机吊装到定位架平台上，调整就位把钻机精准定位后固定前端支架，钻机固定在桩顶就位，准备开钻。

（5）钻孔，开钻到设计标高。

图 4-3　钻孔

（6）下放锚杆，安装注浆管，每个锚孔内埋设 1 个锚杆，注浆采用硬质 PVC 管通过锚孔套管直接插入孔底。

（7）注浆。M30 砂浆由挤浆泵注入孔内，考虑注浆管内砂浆遗留量，每孔需要砂浆 $0.2m^3$，确保泵入量足够，砂浆用砂需严格过筛，以避免注浆过程堵塞导管，如图 4-4 所示。

图 4-4　注浆

钢管桩焊接时先在底节钢管上焊 500mm×247mm×12mm 规格的 4 个连接片，使钢管桩对接时比较容易。

4.2　深水裸岩区大直径嵌岩桩施工关键技术

4.2.1　研究背景

项目存在一段长约 200m 的裸岩区，该区域岩石岩性主要为花岗岩，平均强度达 120MPa，最大强度超过 140MPa，深水裸岩区钢护筒下放困难，易发生漏浆现象，桩基施工带来较大困难。

4.2.2　内容

该技术核心内容主要有"双护筒施工技术""潜孔钻＋冲击钻组合施工技术"。

4.2.3　关键技术

（1）双护筒施工技术：双护筒施工采取的是"大护筒套小护筒，小护筒跟进"的施工工艺，该技术可以解决在硬质斜岩上传统钢护筒埋设方法时易出现的卷边、筒底口串通、漏浆、偏孔等问题，还具有提高水深、水流急状态下钢护筒的下放精度和效率的特点；

（2）潜孔钻＋冲击钻组合施工技术：潜孔钻＋冲击钻组合施工技术有效地解决了高强度裸岩上单一冲击钻钻孔施工进尺慢及焊锤和焊锤浪费时间的问题，加快了成孔速度，节约了施工成本；

（3）潜孔钻导向架装置研发：潜孔钻导向架装置的设计和使用大幅减少了潜孔钻在硬质岩层钻孔施工时存在的钻头滑位、孔位位移、钻杆扭断的现象，起到保护钻杆和引导、定位钻头的作用。

该工程的深水裸岩钻孔灌注桩已施工完成，成孔效率高，达到了预期的质量目标。该项施工技术经过本工程的实践检验，验证了其先进性、科学性、合理性和可操作性。

4.3　潮汐环境大型钢套箱围堰整体安装施工关键技术

4.3.1　研究背景

桥址位于黑硬黏土河床地质，潮汐落差水位大、流速大、冲刷大。2 号、3 号、S1号～S19 号、SR1 号～SR5 号位于乌龙江水道内，根据承台设计高程和潮汐标高，该部分承台常年处于水中。施工期间主要影响因素为每日两涨两落的高低潮及每年 7～9 月份的台风期＋汛期。在现有施工技术上，急需探究出下放精度高、针对性强、省时省力、施工简便、经济合理、综合性能突出的钢套箱围堰施工技术，以满足施工需要。

4.3.2　内容

该技术核心内容主要有"双壁钢围堰整体吊装下放技术""钢套箱围堰快速吸泥下沉技术""钢吊箱挂腿、拉压杆、抗剪板力系转换技术""可操作性转盘式连通器"和"双层钢板桩抗冲刷技术"，如图 4-5 所示。

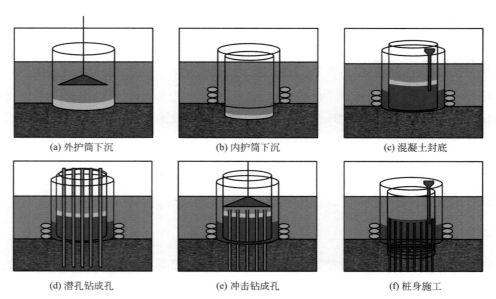

(a) 外护筒下沉　　　　(b) 内护筒下沉　　　　(c) 混凝土封底

(d) 潜孔钻成孔　　　　(e) 冲击钻成孔　　　　(f) 桩身施工

图 4-5　双护筒＋潜孔钻＋冲击钻叠合成孔示意图

4.3.3 关键技术

复杂沙洲区域多样覆盖层跨江大桥承台钢围堰施工技术主要涉及以下技术：

（1）双壁钢围堰整体吊装下放技术：钢围堰整体吊装下放，降低了恶劣天气因素影响，减少了现场设备使用时间，同时降低水上作业危险性，提高钢围堰焊接质量，节约工期，节约成本。

（2）钢套箱围堰快速吸泥下沉技术："龙头"吸泥下沉技术，解决了黑硬黏土下沉效率低、堵塞吸泥管等难题，省时省力，操作方便，经济合理。

（3）钢吊箱挂腿、拉压杆、抗剪板力系转换技术：通过挂腿将钢围堰整体重量转换到钢护筒上，通过在钢护筒和挂腿之间增设垫板微调钢围堰垂直位置。挂腿型钢材料选型和焊缝尺寸确定，应根据钢围堰种类和重量不同进行选择，确保挂腿具有一定刚度，应力变化在合理范围内。

（4）可操作性转盘式连通器：转盘式连通器很好地解决了潜水员水下开关连通器难题，可在围堰顶操作，操作简单、高效、省时省力并可重复使用。

（5）双层钢板桩抗冲刷技术：采用双层钢板桩围堰施工工艺，其较单层钢板围堰大幅提高了围堰结构的稳定性，解决了潮汐水位对钢板桩附近河床的冲刷。

4.4 深水高潮差条件下大型钢吊箱围堰施工关键技术

4.4.1 研究背景

桥址位于黑硬黏土河床地质，潮汐落差水位大、流速大、冲刷大。3 号、S17 号~S19 号、SR1 号~SR5 号、匝道 A16 号~A11 号、B2 号~B5 号、C1 号位于乌龙江水道内，根据承台设计高程和潮汐标高，该部分承台常年处于水中，考虑采用整体吊装有底钢吊箱围堰施工。施工期间主要影响因素为每日两涨两落的高低潮及每年 7~9 月份的台风期 + 汛期。在现有施工技术上，急需探究出下放精度高、针对性强、省时省力、施工简便、经济合理、综合性能突出的钢吊箱围堰施工技术，以满足施工需要。

4.4.2 内容

该技术核心内容主要有"双壁钢吊箱围堰整体吊装下放技术""钢套箱围堰快速吸泥下沉技术""钢吊箱挂腿、拉压杆、抗剪板力系转换技术""可操作形转盘式连通器"和"双层钢板桩抗冲刷技术"，如图 4-6 所示。

4.4.3 关键技术

（1）双壁钢吊箱围堰整体吊装下放技术：钢围堰整体吊装下放，降低了恶劣天气因素影响，减少了现场设备使用时间，降低了水上作业危险性，提高了钢围堰焊接质量，节约工期，节约成本。

（2）钢套箱围堰快速吸泥下沉技术："龙头"吸泥下沉技术，解决了黑硬黏土下沉效率底、堵塞吸泥管等难题，省时省力，操作方便，经济合理。

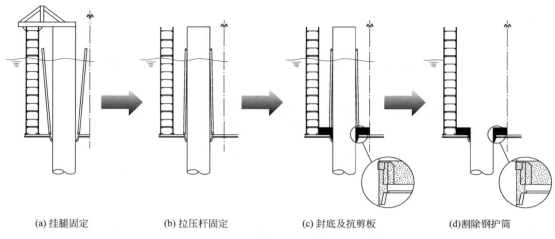

| (a) 挂腿固定 | (b) 拉压杆固定 | (c) 封底及抗剪板 | (d)割除钢护筒 |

图 4-6　双壁钢围堰体系转换示意

（3）钢吊箱挂腿、拉压杆、抗剪板力系转换技术：通过挂腿将钢围堰整体重量转换到钢护筒上，通过在钢护筒和挂腿之间增设垫板微调钢围堰垂直位置。挂腿型钢材料选型和焊缝尺寸确定，应根据钢围堰种类和重量不同进行选择，确保挂腿具有一定刚度，应力变化在合理范围内。

（4）可操作性转盘式连通器：转盘式连通器很好地解决了潜水员水下开关连通器难题，可在围堰顶操作，操作简单、高效、省时省力并可重复使用。

（5）双层钢板桩抗冲刷技术：采用双层钢板桩围堰施工工艺，其较单层钢板围堰大幅提高了围堰结构的稳定性，解决了潮汐水位对钢板桩附近河床的冲刷。

4.5　易冲刷区大型钢板桩围堰施工关键技术

4.5.1　研究背景

S1 号墩～S16 号墩位于乌龙江水道内，根据承台设计高程和潮汐标高，该部分承台常年处于水中，考虑采用钢板桩围堰施工。施工期间主要影响因素为每日两涨两落的高低潮及每年 7～9 月份的台风期 + 汛期。在现有施工技术上，急需探究出一种复杂潮汐条件下易冲刷区钢板桩围堰施工技术，以满足施工需要。

4.5.2　内容

该技术核心内容主要有"双层钢板桩抗冲刷技术""双液注浆技术"和"二次封底制造明沟排水技术"。

4.5.3　关键技术

复杂潮汐条件下易冲刷区钢板桩围堰施工技术主要涉及以下技术：

（1）双层钢板桩抗冲刷技术：采用双层钢板桩围堰施工工艺，其较单层钢板围堰大幅提高了围堰结构的稳定性，解决了潮汐水位对钢板桩附近河床的冲刷。

（2）双液注浆技术：通过双液注浆技术对抛石层间进行注浆，减小了钢板桩与抛石层之间的空隙，极大程度上减少了漏水，同时对于其他漏水点进行注浆，注浆效果较好，相比于漏缝外侧水中撒下大量炉渣与木屑随水夹带至漏缝处自行堵塞更加便捷有效地解决了钢板桩漏水问题。

（3）两次封底制造明沟排水技术：为进一步制造无水工作面，通过两次封底形成的排水明沟，使用若干台水泵于明沟中以备排水，使整体施工更加有效安全。

4.6 大跨双层公轨两用钢桁梁桥悬臂施工关键技术

4.6.1 研究背景

该项目钢梁跨越乌龙江，钢梁水上、高空、大悬臂架设安全风险高，桥梁线型控制技术难度大。悬臂拼装过程为非稳定结构，主要依托措施结构临时支撑，过程可能承受不平衡荷载，且桥位地处台风多发地区，成桥前结构稳定性要求高。

钢桁梁采用整体节点，单根上下弦杆同时与弦杆、斜腹杆、横梁构件多接头相连，各孔群立体定位，制孔难度大，孔位精度的控制不仅影响到架梁能否顺利进行，更重要的是关系该桥的整体线型。

钢梁采用悬臂法、满堂支架法拼装，同步顶升精度要求高，钢梁体系转换是本工程的重难点。

钢梁采用临时支墩辅助半伸臂拼装，临时支墩设计及墩顶布置是本工程的重难点。

钢梁吊装最重杆件达 55.5t，最长杆件达 14.41m，运输及吊装难度大。

针对工程项目存在的技术难题，在现有技术的基础上，探究出大跨双层公轨两用钢桁梁桥悬臂施工技术，以满足本项目适用的关键技术。

4.6.2 内容

该技术核心内容主要归纳总结为以下几点："钢桁梁预拱度设置技术""钢桁梁高强螺栓施拧及封闭涂装技术""起架段钢桁梁架设技术""钢桁梁安装过程线型控制技术"和"钢桁梁先连续后简支施工技术"。

4.6.3 关键技术

大跨度双层公轨两用钢桁梁悬臂施工技术主要涉及以下技术：

（1）钢桁梁预拱度设置技术。

（2）钢桁梁高强度螺栓施拧及封闭涂装技术。

（3）起架段钢桁梁架设技术。

（4）钢桁梁安装过程线型控制技术。

（5）钢桁梁先连续后简支施工技术。

通过对实体工程对象的研究发现：①钢桁梁悬臂拼装，通过在跨中设置临时支墩来减少拼装质量和悬臂端的不利应力和挠度变形，通过箱型分配梁、钢垫块来调整钢梁安装过程预拱度，通过设计的滑道梁反力架来调整钢梁线型，简化了纠偏工序，降低了人工和材料消耗纠偏效果好；②本桥高强度螺栓施拧分两部分进行：初拧、终拧，初拧扭矩值为终拧扭矩值的 50%，终拧扭矩值由试验数据确定，终拧扭矩检查采用"松扣、回扣"检查法，采用此方法施工，桥址现场高栓抽检合格率 100%；③采用布置测点，棱镜对中，徕卡 TM50 全站仪控制过程安装线型，安装架设的钢桁梁杆件线形偏差不大于±5mm 合格率提升到 95.7%，线形偏差得到了有效控制；④采用"先连续"法悬臂架设，临时连接杆件已在制作厂内与一端钢桁梁杆件焊接，现场只需完成其与另一端钢桁梁杆件对接焊缝，钢桁梁架设完成后，墩顶临时连接沿着指定切割线切割，采用此方法安全高效，节约工期。

4.7 水上大跨双层现浇梁"先上后下"施工关键技术

4.7.1 研究背景

该项目水域条件复杂，受涨落潮影响大，SR1 号～SR6 号位于深水裸岩区，该区域中心水深较大达 17m，流速较快达 3m/s，支架设计要充分考虑水流影响。同时该区域位于裸岩区，岩石强度达 100MPa 以上，最大强度达 158MPa，利用钢管支架施工技术难度大。

如何减少钢管桩的插打，上层公路梁支架与下层轨道梁支架如何转换利用，提高施工支架有效利用，需探究出一种施工技术，用以解决钢斜撑与围堰壁体空地间碰撞问题，保证双层现浇梁共用一套支撑体系，避免水中搭设支撑。

4.7.2 内容

该工程现浇支架除应满足自身的强度、刚度及稳定性等技术指标外，还需考虑上下主梁的施工顺序，现场水文地质条件以及工期要求等因素。此跨度现浇主梁可供选择的支架形式有多跨式、单跨式、斜腿三跨式等，如图 4-7 所示。

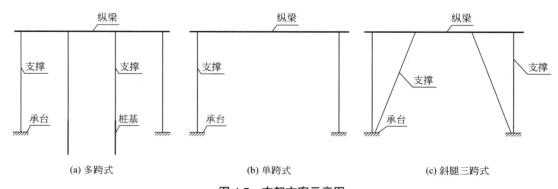

图 4-7 支架方案示意图

由于水上作业条件有限，地质条件复杂，气象环境多变等因素，该类桥梁现浇支架的设计施工比一般桥梁更为复杂。如何在水中保证现浇支架的稳定性，及现浇梁施工的质量及安全是跨江桥梁施工中的重点和难点。水上大跨双层现浇其施工难点如下：①施工环境特殊，河床为坚硬花岗岩，最大水深21m，水中搭设支架难度大；②双层现浇梁上宽下窄，相差10m，下层梁无法承受上层梁重量，上下层梁的施工顺序安排尤其关键；③现浇梁跨径大，跨径为39m，在同类桥型中较为少见，进一步增加施工难度。

多跨式支架结构需在水中架设临时支撑，而鉴于现场水深较大且覆盖层较少，嵌岩桩基施工难度较大，该方案无疑会增加额外成本，影响工期。单跨式现浇支架以既有承台为基础，不需在水中架设支撑。但本工程主梁计算跨径39.0m，跨径较大，对支架承重主梁的强度要求较高，主梁线形难以保证。同等大跨径的单跨式现浇支架的实践经验较少。斜腿三跨式支架可将支撑基础布置在承台上，但本工程承台位于围堰内，围堰壁体高度15.6m，八字斜腿与其存在空间碰撞问题，且要求双层主梁需共用一套支撑，故传统斜腿支撑难以实施。

通过以上对比分析可以看出，以上常规的现浇支架结构难以保证本工程的实施。经分析对比研究，项目组还提出了三种施工方案来解决水上大跨双层现浇梁施工难题。

1. 基于大跨双层贝雷梁的双层现浇梁施工

采用传统的单跨式支架，设计了单跨双层加强型贝雷梁支架组合体系，实现双层现浇主梁采用先上后下的施工，保证双层现浇梁共用一套支撑体系，避免了水中搭设支撑。

双层现浇主梁采用先上后下的施工，过程中主要包括以下6个关键工序，如图4-8所示：

（1）主墩施工完成后，以承台为基础，搭设上层主梁临时支架，并进行预压试验。

（2）施工上层现浇主梁，并预留支架吊装孔。

（3）上层主梁施工完成后，安装竖向千斤顶，通过精轧螺纹钢起吊和下放贝雷体系。

（4）贝雷体系下放就位，调节贝雷间距和数量，完成下层主梁支架搭设，并进行预压试验。

（5）施工下层现浇主梁。

（6）拆除剩余支架，完成双层现浇梁施工。

2. 基于"二次竖转"支撑体系的双层现浇梁施工

在传统的斜腿三跨式支架的基础上，设计基于"铰结"钢斜撑和贝雷梁的"二次竖转"支撑体系，双层现浇主梁采用先上后下的施工，通过"铰结"钢斜撑的两次竖转，来解决钢斜撑与围堰壁体空地间碰撞问题，保证双层现浇梁共用一套支撑体系，避免水中搭设支撑。

施工原理如图4-9所示：

双层现浇主梁采用先上后下的施工工序，施工过程中主要包括以下6个关键工序，各工序如下：

（1）主墩施工完成后，吊装钢管立柱并通过柱脚与承台固定。吊装钢斜撑，通过销轴与承台上的耳板连接，斜腿竖向临时固定。

（2）人工水下拆除钢围堰，为斜腿提供竖转空间。

（3）钢斜撑竖转到设计位置，并焊接二者之间的连接系。

（4）焊接钢管立柱与钢斜撑间的连接系，并吊装贝雷，完成上层主梁支架搭设施工。支架预压完成后，施工上层现浇主梁。

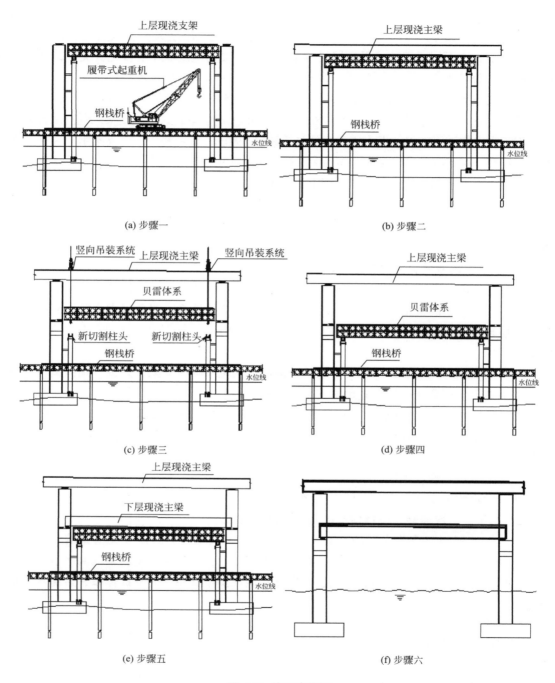

(a) 步骤一

(b) 步骤二

(c) 步骤三

(d) 步骤四

(e) 步骤五

(f) 步骤六

图 4-8　施工步骤图

（5）上层主梁施工完成后，安装竖向千斤顶，通过精轧螺纹钢临时固定贝雷体系。二次竖转钢斜撑至设计角度，同时切割钢斜撑和钢管立柱至设计标高。

（6）利用千斤顶下放贝雷体系，并调整贝雷榀数和间距，完成下层主梁现浇支架。支架预压完成后，施工下层现浇主梁。

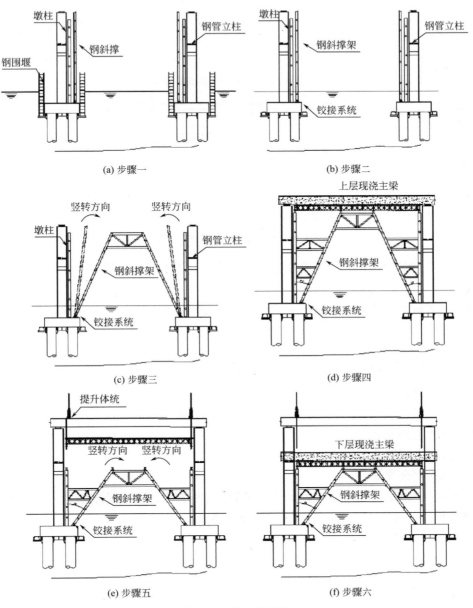

(a) 步骤一

(b) 步骤二

(c) 步骤三

(d) 步骤四

(e) 步骤五

(f) 步骤六

图 4-9　施工步骤图

3. 基于"铰接"支撑结构及盘扣支架的双层现浇梁施工

在传统的斜腿三跨式支架的基础上，设计了新型"铰接"支撑结构与盘扣支架组合体系，实现双层现浇主梁采用先上后下的施工，简化施工工序，保证了双层现浇梁共用一套支撑体系，避免了水中搭设支撑。通过结构中钢斜撑一次竖向转动，解决了钢斜撑与围堰壁体空地间碰撞问题，如图 4-10、图 4-11 所示。

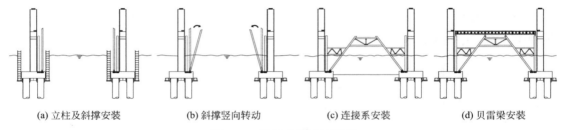

(a) 立柱及斜撑安装　　(b) 斜撑竖向转动　　(c) 连接系安装　　(d) 贝雷梁安装

图 4-10　铰接支撑系统原理

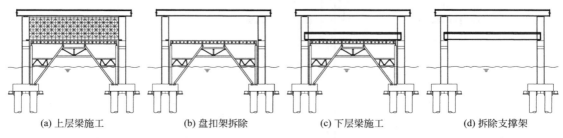

(a) 上层梁施工　　(b) 盘扣架拆除　　(c) 下层梁施工　　(d) 拆除支撑架

图 4-11　双层现浇 "逆序" 施工

双层现浇主梁采用先上后下的施工工序，施工过程中主要包括以下 8 个关键工序，各工序如下：

（1）主墩施工完成后，吊装钢管立柱并通过柱脚与承台固定。吊装钢斜撑，通过销轴与承台上的耳板连接，斜腿竖向临时固定。

（2）人工水下拆除钢围堰，为斜腿提供竖转空间，钢斜撑竖转到设计位置。

（3）焊接钢管立柱与钢斜撑之间的连接系。

（4）吊装贝雷，完成铰接支撑体系施工。

（5）搭设盘扣支架及其模板体系，进行上层现浇梁施工。

（6）拆除盘扣支架。

（7）进行上层梁施工。

（8）拆除剩余支架。

结合双层现浇梁施工条件，经济性、安全性分析并考虑工程进度因素，最终选择基于"铰接"支撑结构及盘扣支架的双层现浇梁施工方案。

4. "先上后下" 施工技术

水上大跨双层现浇梁"先上后下"施工技术，如图 4-12～图 4-15 所示。

4.7.3　关键技术

公司研发出一种用于深水裸岩区大跨度双层现浇梁施工的新型"铰接"支撑结构，设计了新型"铰接"支撑结构与盘扣支架组合体系，实现双层现浇先上后下施工，解决了位于深水裸岩区大跨度支架搭设难度大、工期长、造价高等问题。水上大跨双层现浇梁"先上后下"施工关键技术包括：

（1）支架底部销铰结构设计：设计了稳定性高、可循环利用的销铰结构，该结构充分利用高性能型材料的特性，发挥永久结构承台的作用，安全可靠，可牢固固定钢斜撑底座，并使钢支撑水平面自由旋转角度，为后续支架体系的搭设带来便利，降低成本。

（2）"八字"钢斜撑支架体系设计：创新性采用"八字"钢斜撑支架体系设计，有效减小了贝雷梁承重支点的跨度，确保了施工安全。"八字"钢斜撑支架体系利用承台作为支撑，采用销轴系统自由旋转钢支撑的角度，有效减少了现浇箱梁支架搭设的难度，避免了裸岩区进行钻孔灌注桩施工的难点，加快施工进度。

（3）"八字"钢斜撑+盘扣架支架施工技术：若单采用"八字"斜腿支撑体系进行先上后下施工，必然面临着二次转向，对施工精度要求非常高，在空中进行长时间焊接和作业安全风险大，同时也要多次安拆贝雷梁，施工费用高。为此创新性采用"八字"斜腿钢斜撑和钢管贝雷梁组合的钢管支架体系施工轨道梁，在其上搭设盘扣架进行公路梁施工。

图 4-12　支架搭设施工现场

图 4-13　上层盘扣架施工现场

图 4-14　上层、下层支架搭设施工现场　（"八字"钢斜撑＋盘扣架）

图 4-15　"八字"钢斜撑支架施工现场

4.8　基于 BIM 的信息化绿色施工技术

4.8.1　研究背景

为完成水上钢栈桥、道庆洲主桥、引桥第三～第八联、南岸接线主线桥、A、B、C匝道及道路工程等多个 Revit 模型建模，并制作钢栈桥等多个模拟施工动画，积极运用于工程实践，故对基于 BIM 的信息化绿色施工技术进行探究。

4.8.2 内容与探究

1. 三维信息模型建立与修正

BIM 模型价值体现在所有项目设计成果、施工过程、竣工交付通过三维模型表达，全面实现基于模型的可视化信息交互。BIM 模型是否符合设计要求，是否满足施工要求，施工工艺与设计要求是否矛盾，以及各专业之间是否冲突，对于减少施工图中的差错，完善设计，提高工程质量和保证施工顺利进行都有重要意义。根据项目拟采用的协同管理平台，对施工 BIM 模型进行修正，使之满足导入平台。

项目施工阶段 BIM 模型的搭建，完成南岸接线桥上部结构、下部结构、桥面系、附属工程的精细建模、模型补充、模型深化、实现碰撞分析、工程量统计等主要工作；跨江大桥上部结构、下部结构的精细建模、模型补充、模型深化、实现碰撞分析、工程量统计、地质模型等主要工作；完成电气、照明、给水排水系统精细建模、模型补充、模型深化、实现工程量统计、碰撞分析、施工信息整合等主要工作内容；完成道路交通工程、景观绿化工程的精细化建模、模型修正、模型深化等工作；完成施工过程中钢栈桥、钢套箱、液压模板、临建设施的模型创建、实现工程量统计、碰撞分析等全部工作内容。

（1）碰撞检查工作将贯穿于整个设计流程中。在各专设计过程中可以实现随时的协调过程，在设计过程中可以避免或解决大量的设计冲突问题。在建立各专业初步设计模型之后，设计审核之前的各关键节点，进行阶段性的优化调整。

（2）针对关键施工技术节点根据图纸及专业施工图集创建三维模型，再基于详细的三维信息模型进行剖切出图，生成附带施工信息的二维图纸。基于三维模型配合使用二维图纸，进行现场施工作业，有效提高施工效率。

2. 信息协同管理平台的操作

由于该项目基础设施项目，数据量庞大；信息协同管理平台提供企业级工程数据管理。设置项目各参与方权限，项目实施过程中的工程数据及时、上传。BIM 工程资料信息集成，在项目实施过程中，将施工档案资料和运维档案资料与 BIM 模型进行挂接，实现高效的协同管理。将项目全过程中发生的资料信息集成在三维 BIM 模型上，确保工程资料信息的完整性。建立工程资料共享和查询平台，实现实时查阅资料、下载资料。

应用点：协同平台建立工程档案资料库，项目施工档案资料和运维档案资料关联BIM 模型，快速查询检索和统计分析。

实现路径与解释说明：采集监理、施工技术体系文件资料，开展资料体系在手持终端信息查询平台的建设，形成造价、质量、进度、安全、文明施工等技术资料集成程序方法。施工过程中监理、施工单位需要严格按照传统现场资料采集要求，完成资料—模型集成。

3. 施工进度管控与纠偏

BIM 进度管理目标实现对项目总进度目标的控制，使建设项目按预定的时间竣工并投入使用。将道庆洲过江通道本标段项目按照施工区段进行划分，按区段进度计划与三维可视 BIM 模型相关联，用直观的进度模拟表达形象进度。发现进度问题及时进行纠偏，基于进度模拟结果进行计划的调整及优化，辅助进行施工进度管理。建立总控进度数据库，对进度实现快速调用及分析。设置总控里程碑进度节点预警，可实现智能进度预警管理。

应用点 1：关联经批准的施工进度计划，植入 BIM 进度数据库。

应用点 2：定期关联实际进度信息，植入 BIM 进度数据库。

应用点 3：计划进度演示。

应用点 4：实际进度演示。

应用点 5：实际进度计划、施工进度计划和总控进度计划对比分析。

应用点 6：关键节点提示。

实现路径与解释说明：

应用点 1：获取经批准后的施工进度计划相关资料（包括但不限于单位工程进度计划、分阶段工程进度计划、专项工程进度计划、分部分项工程进度计划等后缀名 .xls、.mpp 文件或其他主流进度管理资料格式文件），在 BIM 协同平台中植入施工进度计划，将施工进度计划与 BIM 模型关联挂接，形成三维进度数据库。

应用点 2：定期获取相关施工进度计划资料（包括但不限于单位工程进度计划、分阶段工程进度计划、专项工程进度计划、分部分项工程进度计划等后缀名 .xls、.mpp 文件或其他主流进度管理资料格式文件），于 BIM 协同平台中植入施工进度计划并与 BIM 模型关联挂接，信息进入三维进度数据库；基于上述资料可进行实际进度演示、进度计划对比分析等工作。

4. BIM 可视化仿真优化

1）三维可视化技术交底

对项目施工过程中的关键节点，进行施工可视化模拟。针对区段的重要施工节点，按照标准工序，对跨江大桥段冲孔灌注桩、n 形框架混凝土桥墩、钢桁结合梁施工方案进行可视化模拟，对南岸接线桥 Y、H 形混凝土桥墩、现浇混凝土箱梁、花瓶式混凝土桥墩。模拟深度达到项目施工应用级别，辅助开展技术交底工作。

基于 BIM 的三维可视化交底实现辅助施工，减少工程变更从而保证施工进度、施工质量。利用 BIM 的三维可视化技术在前期进行：①专业间模型碰撞检查，减少在建筑施工阶段可能存在的错误损失和返工的可能性；②施工过程中进行施工交底、施工模拟，提高施工质量，减少变更；③进行模型三维渲染，宣传展示，同时借助客户端进行属性信息查询，方便管理人员快速了解现场情况。

应用点 1：BIM 模型实时查询演示。

应用点 2：碰撞检查。

应用点 3：施工交底、模拟。

应用点 4：三维渲染展示。

实现路径与解释说明：

应用点 1：利用 PC 或移动终端实现模型实时属性信息查询。

应用点 2：对 BIM 模型进行整体各部位碰撞检查、特定部位的操作维修空间检查。跟随现场进度，按需求进行模型剖面分析与虚拟交底。

应用点 3：按照施工方案进行施工交底及模拟，利用 BIM 模型作为二次渲染开发的模型基础，虚拟漫游，直观显示建筑构造。更好地进行宣传、展示。

2）施工方案模拟

对重要的变更部位、重难点部位进行可视化施工方案，配合施工方案交底进行方案对比，辅助施工决策。项目分别针对四个施工区段中关键技术控制节点"跨江大桥钢桁梁制作、安装""跨江大桥下部结构施工""陆上抛石层下部结构施工"中施工关键技术节点进行可视化施工方案模拟。

应用点 1：建立施工关键节点精细化三维模型，精度达到方案模拟级别。

应用点 2：辅助进行可视化施工方案和配合技术交底。

实现路径与解释说明：

应用点 1：获取施工专项方案，基于三维模型进行方案模拟，根据项目要求对特定局部施工部位进行虚拟方案模拟以供对内培训、对外宣传以及决策。

5. 智慧工地

1）S203 省道四期交通导改

根据本工程的总工期及关键节点要求，结合施工合同及现场情况，该工程以跨江大桥2 号墩和 S7 号墩为关键施工路线，跨江大桥和陆上主线齐头并进进行施工。其中重点为跨江大桥下部结构及陆上 S203 省道交通导改的施工组织。S203 省道交通导改的实施直接影响施工进度，故应用 BIM 技术对导改方案进行前置化推演。

应用点 1：交通导改安全保通措施模拟。

应用点 2：占路施工交通安全维护人员工作模拟。

实现路径与解释说明：

应用点 1：基于大场景虚实结合模型系统，应用交通动态仿真模拟技术，对占路施工的区域、时间、步骤进行前置化模拟，并根据仿真结果同路政管理部门协调，对交通标志、防护设施等进行可视化建模，确保通行顺畅与安全。

应用点 2：确保占道施工区域及周边道路安全、畅通，最大限度减少占道施工对道路交通的影响，占道施工工程应组织专职占道施工交通安全维护人员专门从事疏导占路施工周边路网车辆、行人，提醒过往车辆、行人注意交通安全，并协助施工单位做好货运车辆进出施工工地等安全措施。

2）运输路径优化及仿真

由于项目工程量大，气候条件不利，有效工作时间短；流域潮差大，作业面分散等特点。通过数值模拟，拟采用蚁群算法，研究交叉作业施工组织方案最优算法。模拟钢栈桥交通组织及临时材料、机械设备流，减少各作业面之间干扰和限制。加强各运输设备之间的运输协调，计算交通运输能力，合理地分配运输工具的数量。对施工区域内的场地以及交通路线进行合理的布置，选取最优路径进行模拟。

应用点 1：施工现场通行能力计算。

应用点 2：运输路径模拟仿真优化。

应用点 3：江上作业船只及陆上交通流模拟。

实现路径与解释说明：

应用点 1：根据运输量、运输时段、施工机械配置，将施工船舶运输系统进行物理抽象分析，进一步抽象为便于计算机理解的模型。可以确定运输路径的合理路线，确定最短的运输路线以及材料转运点，减少时间与资源的浪费。确保运输路线畅通，减少拥堵，提高效率，缩短工期。

3）抢险应急预案模拟

为应对台风、潮汐等问题，制定应急预案。开发智能定位平台，定位施工人员位置，及时发现事故，结合 GPS 技术，借助卫星定位通知离事发区域最近的人员前往救援，最大程度保障施人员安全。

应用点：建立智能定位平台。

实现路径与解释说明：

依托信息协同管理平台，结合 GPS 定位技术，为每位施工人员进行定位，在台风、潮汐及人员溺水等危险发生时，第一时间发现并调动资源前往营救，在最短时间内完成救援任务，保障危险发生时人员及财产安全。

4）AR 技术的施工现场交底

针对施工关键技术节点，基于精细化三维模型，利用 AR 技术进行施工可视化交底，使得获取信息的途径从图纸转换成为能够实现信息交互的三维数字模型，施工现场工人根据三维模型获取信息，并能够从多维度对信息进行检索。真正实现施工工地的智慧管理，通过改进施工作业模式能够极大程度提高工作效率，降低沟通成本，如图 4-16 所示。

图 4-16　基于 AR 技术的施工现场

应用点：AR 技术辅助施工。

实现路径与解释说明：

将精细化三维模型，导入 AR 平台之中，借助 AR 技术更加直观地展现模型信息与施工工艺，增强施工人员施工技能，极大提高施工工作效率。

6. 技术资料可视化

利用工程已有的二维图纸，建立其三维模型。与传统的三维模型不同的是，BIM 信息模型为一个完整的三维模型，各种平、立、剖面图只是各方向的二维剖切图，多视图的三维设备布置，同时有多重尺寸进行精确定位，从而生成正确无误的整体模型，所有的桥梁建筑都以三维方式分图层置于一个 BIM 模型中，这样非本专业人员相较于原二维图纸能更容易读图，也更方便各专业人员的协调沟通。

项目将 BIM 三维模型出图应用于各类施工交底和技术资料，"所见即所得"，降低理解难度，减少理解偏差，使模型三维的立体实物图形可视，项目设计、建造、运营等整个建设过程可视，方便进行更好地沟通、讨论与决策。可视化交底可贯穿整个施工过程，具体体现在以下几点：

（1）可视化的施工组织设计：提高生产效率，减少传统施工现场布置方法中存在漏洞的可能，及早发现施工图设计和施工方案的问题，提高施工现场的生产率和安全性；

（2）可视化复杂节点钢筋排布：形象直观，准确传达设计意图，避免错误施工，提高工程质量；

（3）可视化的模板支设：运用 BIM 技术辅助现场施工，优化施工方案，对钢栈桥施工、钢围堰下放等施工工艺进行虚拟施工，研究方案的可行性，预处理施工中可能出现的问题。

可视化交底可贯穿整个施工过程，提高生产效率，及早发现施工图设计和施工方案的问题，形象直观地传达设计意图，避免错误施工，辅助现场施工，优化施工方案。

（1）对 2 号钢套箱围堰进行细部展示，研究方案的可行性，预处理拼装焊接过程中可能出现的问题，如图 4-17～图 4-19 所示。

（2）对 3 号钢吊箱围堰进行精细建模，对班组进行可视化交底，解决围堰刃脚、拉压杆、支撑等地方的连接问题，如图 4-20～图 4-22 所示。

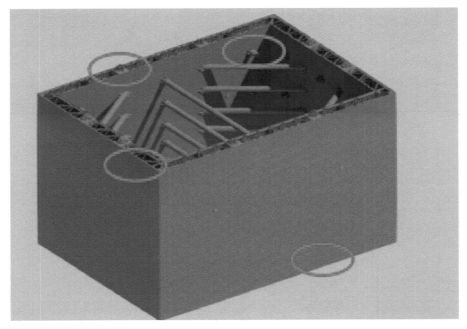

图 4-17　钢套箱围堰模型图

(a) 钢围堰吊环

(b) 导向装置

图 4-18　细部展示（一）

(a) 钢围堰夹壁

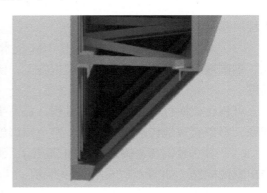
(b) 刃脚

图 4-19　细部展示（二）

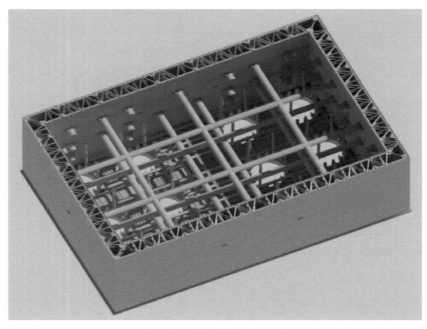

图 4-20　钢套箱围堰模型图

图 4-21 龙骨模型指导现场拼装

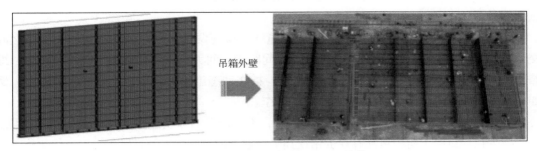

图 4-22 吊箱外壁模型指导现场拼装

7. 施工图平面布置及碰撞检查

施工平面布置是工程前期准备的关键工作，时值建筑行业大力推广 BIM 技术，将 BIM 技术运用到总平面布置中，可以解决传统二维总平面布置中很难发现和解决的许多问题。在道庆洲项目中，由于预制、加工厂较多，且施工区域紧邻省道，场地有限，使用 BIM 技术模拟现场施工环境，集约化施工，项目部驻地、钢筋厂、预制板场、搅拌站集中设置、集中生产，根据不同工况对总平面布置实时进行动态调整，在节约资源的同时保证了现场施工有序性，如图 4-23 所示。

图 4-23 施工现场平面布置

1）项目驻地

项目部驻地内设办公室、会议室、餐厅、活动室、档案室等。

2）钢筋加工厂

钢筋加工厂采用全自动数控弯曲机、车丝打磨一体机、滚焊机、CO_2保护焊、钢筋套筒连接等设备工艺，管线提前预埋、材料分区堆放、设置标准件示范台、超市货架式存放。

3）搅拌站及实验室

搅拌站内设碎石水洗设备、三级沉淀以及主机楼、料仓均采用全封闭及遮盖等措施。试验室外设检测标牌，仪器采用货架式存放。

通常 BIM 中所说的碰撞检查分为硬碰撞和软碰撞两种，硬碰撞是指实体与实体之间交叉碰撞，软碰撞是指实际并没有碰撞，但间距和空间无法满足相关施工要求（安装、维修等）。软碰撞也包括基于时间的碰撞需求，指在动态施工过程中，可能发生的碰撞，例如场布中的车辆行驶、塔吊等施工机械的运作。

应用 BIM 技术进行三维构件的碰撞检查，不但能够消除硬碰撞、软碰撞，优化工程设计，减少在建筑施工阶段可能存在的错误损失和返工的可能性，而且优化结构，优化施工方案。最后施工人员可以利用碰撞优化后的方案，进行施工交底、施工模拟，提高施工质量。

（1）最先施工的 2 号墩承台桥墩，通过 BIM 软件构建桥墩、承台钢筋模型，对钢筋的空间相对位置进行全面预览，对可能出现的碰撞问题进行提前检测，并反馈给各专业设计人员进行调整，消除不同钢筋的碰撞问题达 20 余项。后续 Y 形墩、H 形墩亦采用相应方法进行碰撞检查，如图 4-24 所示。

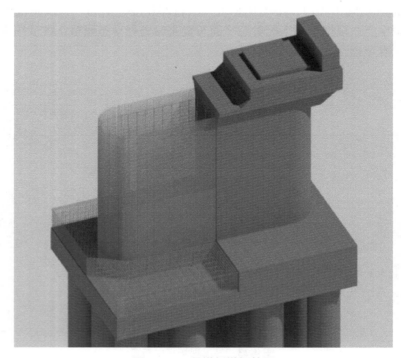

图 4-24 2 号墩桥墩钢筋图

（2）主要对施工图纸中桥面板钢筋的搭接、钢桁梁剪力钉与桥面板的碰撞、钢桁梁剪力钉与桥面板钢筋的碰撞三方面进行 BIM 可视化检查。其中，桥面板钢筋的搭接可在桥面板 Revit 建模过程进行调整，钢桁梁剪力钉与桥面板的碰撞、钢桁梁剪力钉与桥面板钢筋的碰撞可将模型导入 navisworks 进行碰撞检查并导出碰撞报告，及时联系相关方进行协商调整。

8. 预制构件加工

利用 BIM 模型可以指导预制构件的精确加工，确保预制构件的精度，并校验预制构件的设计图纸是否准确，布设部位条件是否适宜等，有效避免了构件错误加工及构件施工作业返工等。施工现场将桥面板模型及细部结构通过展板的形式在桥面板预制场内展示，形象直观，便于现场人员了解桥面板及细部构造，如图 4-25 所示。

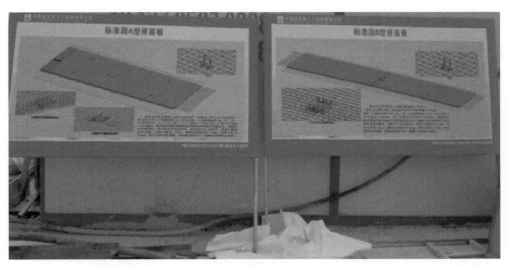

图 4-25 桥面板 BIM 模型图及展示板

9. 预制构件模拟拼装

将预制构件如钢桁梁的三维模型在 BIM 软件中进行预拼装，在模拟拼装过程中，每个杆件按照栓孔匹配的原则虚拟定位。当所有杆件拼装完成后，再检验结果是否满足拼装要求。如果检验结果不能满足相关指标，则需要对一些构造尺寸如杆件长度、节点板的间隙、钢桁梁间距等进行综合调整。模拟拼装为后续的实际施工提供了重要的技术参数，规避风险，对缩短工期和降低成本起到关键性作用，如图 4-26～图 4-30 所示。

10. 施工动画模拟

实现开工前的虚拟施工，在计算机上执行建造过程，虚拟模型可在实际建造之前对工程项目的功能及可建造性等潜在问题进行预测，包括施工方法实验、施工过程模拟及施工方案优化等。数据化 BIM 建造模拟，可以直观展示建造施工过程，方便技术交底。在演示的过程中详细和全面地展现了各类数据、施工部署、施工工艺重难点，同时能够准确表现立体交叉作业的过程，有助于施工前提前发现问题解决问题。

通过 2 号墩钢围堰模拟施工动画，在技术交底过程中对钢围堰施工流程进行动态展示，有助于施工班组理解施工流程，提前发现问题，消除安全隐患，如图 4-31 所示。

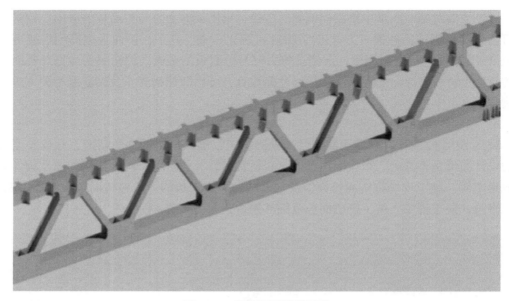

图 4-26　钢桁梁预拼效果图

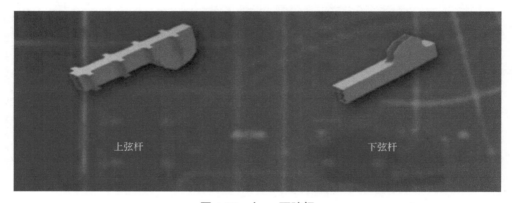

图 4-27　上、下弦杆

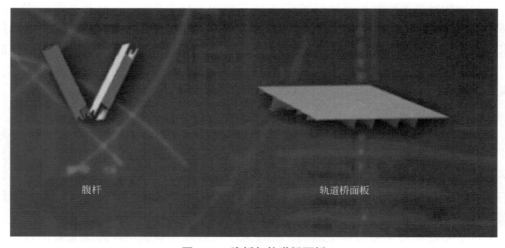

图 4-28　腹板与轨道桥面板

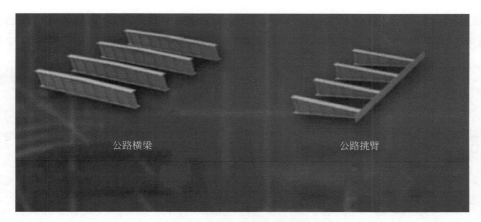

图 4-29 公路横梁与公路挑臂

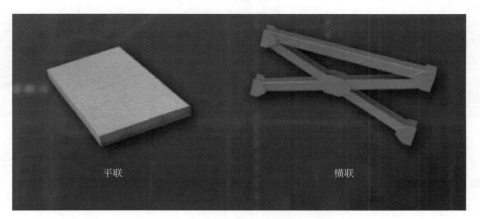

图 4-30 平联与横联

图 4-31 2号墩钢围堰下放施工模拟

通过钢桁梁架设模拟施工动画，在技术交底过程中对钢桁梁架设顺序进行动态展示，有助于项目部进行施工工序安排，提前发现制约进度问题，加快施工进度，如图4-32所示。

图 4-32　钢桁梁合龙模拟

对承台及桥墩大体积混凝土施工进行施工动画模拟，便于对施工工序进行可视化总结，提高推广效率，如图4-33所示。

图 4-33　大体积混凝土施工动画模拟

11. 智慧工地

"智慧工地"信息化应用架构包括现场应用、集成监管、决策分析、数据中心和行业监管 5 个方面的内容。

现场应用通过小而精的专业化系统，充分利用 BIM 技术、物联网等先进信息化技术手段，适应现场环境的要求，面向施工现场数据采集难、监管不到位等问题，提高数据获取的准确性、及时性、真实性和响应速度，实现施工过程的全面感知、互联互通、智能处理和协同工作；集成管理通过数据标准和接口的规范，将现场应用的子系统集成到监管平台，创建协同工作环境，搭建立体式管控体系，提高监管效率。同时，基于实时采集并集成的一线生产数据建立决策分析系统，通过大数据分析技术对监管数据进行科学分析、决策和预测，实现智慧型的辅助决策功能，提升企业和项目的科学决策与分析能力；通过数据中心的建设，建立项目知识库，通过移动应用等手段，植入一线工作中，使得知识发挥真正的价值；"智慧工地"的建设可延伸至行业监管，通过系统和数据的对接，支持"智慧工地"的行业监管。

1）劳务管理系统

（1）实名制门禁及一卡通系统。

实名制考勤及一卡通系统的硬件部分由智能头盔、智能手环、射频基站、发卡器、射频卡口、本地服务器等构成，其组织形式如下图所示。其中头盔、手环与射频基站的通信技术采用 433MHz 无线组网技术，无需手机基站和 GPS 的支持就可以完成数据传输和定位功能，非常适合在地下、野外等没有手机通讯和卫星的施工地点工作，除此之外 433MHz 穿透力强，受环境因素干扰小。

人员考勤及智能监测系统的功能为：

实现向新员工智能发放智能头盔和智能手环的绑定功能。

实现卡口监管功能，需要在卡口处刷头盔或手环才能进入施工现场，否则不能进入。

水电的使用需要刷头盔来使用，实现水电使用与施工人员身份绑定。

记录每天施工人员的进场与出场时间，便于工资的结算。

可对施工人员在场内的位置进行实时定位。

可监控施工人员是否逃离出施工区域。

可监控施工人员是否在工作，或是消极怠工。

可监控施工人员是否存在一人多刷，谎报施工人数的情况。

实名制考勤及一卡通系统的软件部分由智慧工地云平台进行数据的处理和分发，并可在智能工地 APP 上查看。

（2）移动考勤及工资发放。

头盔、手环的签到记录等员工信息通过射频基站汇总到施工现场的本地服务器中，本地服务器再将数据通过网络传输到智慧工地云平台上，智慧工地云平台对考勤信息进行分析和处理。用户可在 PC 机及移动端的智能工地 APP 上查看到这些考勤信息，智慧工地云平台根据考勤及工种信息核算出工资并记录结算情况，减少劳务纠纷。

此部分功能主要由智慧工地云平台和智慧工地 APP 来实现。

2）技术管理

（1）3D 推演沙盘。

利用 BIM 模型精确分块进行 3D 打印，将施工场地与建筑物变成等比例缩小的精确实体模型。此模型可以按施工进度进行拼装，全真模拟现场施工。利用这套实体模型的可视化性与模拟性，可以缩短生产协调会的讨论时间，提高会议效率，同时也是宣传项目的优秀工具，如图 4-34 所示。

图 4-34　道庆洲大桥 3D 模拟沙盘

（2）二维码安全、技术交底。

将安全、技术交底信息将存储在二维码中，并将二维码以防水纸的方式布置在相关的施工现场，由施工人员通过智慧工地 APP 的扫码功能进行读取。

（3）档案管理。

档案管理功能是针对每天的进度标准化表格及检验批、隐蔽资料，只输入关键数据，自动生成自定义标准格式 office 文件，并统一汇总资料，可节省人力物力成本。

此部分功能主要由智慧工地云平台来实现，可在 PC 机和移动端 APP 操作或查看文档。

（4）无人机航拍。

组建无人机小组，操作无人机进行空巡，实现工程立体化监督，与手机、电子屏幕、手持投影等设备连接，便于发现隐患。

关键节点施工时，操作无人机巡视现场，进行安全检查，本着对安全隐患零容忍的态度，配合地面检测系统，及时发现现场异常状况。

定期进行总体平面拍摄，整理成现场整体动态，配合施工进度，录入平台系统，形成进度图，并完善总体平面布置。

协助现场施工管理人员高空拍摄，从航拍的角度发现平常难以觉察的细部结构，实时保证施工满足质量安全要求。

利用无人机联网后可空中精确定位的优势，对重要节点施工延时拍摄，每隔一定时间拍摄一次，得到的若干照片连续放映，使施工进度简洁明了，增加其观赏性，如图 4-35 所示。

图 4-35　钢栈桥贝雷梁图

3）安全管理

（1）作业人员体征检测。

通过智能头盔和智能手环，可对施工人员的实时心率、体温和加速度运动情况进行检测，这些数据通过射频网络汇总到智慧工地云平台和智慧工地 APP 上，当施工人员的心率、体温或是加速度出现异常，在平台和 APP 上会出现报警信息，保障施工人员的人身安全。

（2）风险项自动检测。

在关键结构和设备上安装应力传感器、倾角传感器、风速传感器和水位传感器，将箱梁架体、钢桁架受力、栈桥受力、潮汐水位的数据自动采集至风险监控平台，并可自动报警。

在智慧工地云平台和智慧工地 APP 中可设置报警阈值和记录历史信息，此外，由于所有的传感单元都具有射频定位功能，可以根据历史数据生成异常状况 – 地点的频率热力图，在应急的对应上可以进行侧重，防患于未然。

（3）应急管理。

在工地现场显示屏中显示应急物资，相应管道阀门等重点物资位置，并循环播放应急方案演示。使项目全体人员加强安全意识，以便应急抢险时的从容有序应对。应急管理主要由智慧工地云平台来实现，可在 PC 机和移动端 APP 操作或查看文档。

（4）远程视频监控。

在施工现场安装三维可动网络摄像头，其监控信息除了可在本地 PC 上查看外，还可以在智慧工地云平台和智慧工地 APP 上进行查看和存留音视频信息。此外还可以通过本地 PC、智慧工地云平台和智慧工地 APP 来控制摄像头的转向和焦距，如图 4-36 所示。

图 4-36　智能信息中心

整个远程视频监控单元在智慧工地云平台和智慧工地 APP 中统一管理、监控并形成数据文档。

（5）台风体验馆与安全体验区。

台风体验馆根据台风现象，模拟台风的虚拟现实景象，普及台风知识，增强全民台风知识，提高自我保护意识，提高应对地震等突发事件的能力，兼具科普娱乐的创新项目，让施工及管理人员身临其境体验台风登陆时的危险，提高人员的安全防范意识。由基础模拟设施，环境模拟设施和控制系统组成，技术上有风流控制系统、空气传感系统、计算机控制系统、影像模拟系统、音响系统、自动评分系统等，是运用科技模拟台风的科普教育馆。安全体验区以体验于行，安全于心为设计理念和建设思路，着力打造成为一个具有视、听、体验功能并且集科普性、仿真性、交互性、趣味性于一体的综合实体化安全教育体验中心，让每一位施工人员参与安全体验，印象深刻，效果明显。体验包括高处坠落、安全帽撞击、临边防护、小型塔式起重机、触电、消防器材、钢丝绳连接等，如图 4-37所示。

4）进度管理

（1）人机料三维定位。

通过基站射频定位技术，将人员机械位置实时反映在项目 BIM 模型中，以此来快速了解现场人员机械布置情况，进而实现人员机械的实时调配。人员定位是通过手环和头盔配合射频基站来实现，机械的定位是通过机械定位模块配合射频基站来实现。其中定位射频与射频基站的通信技术采用 433MHz～2.4GHz 无线组网技术，无需手机基站和 GPS 的支持就可以完成数据传输和定位功能，非常适合在地下、野外等没有手机通信和卫星的施工地点工作，除此之外 433MHz 穿透力强，受环境因素干扰小。

当定位精度要求不高时，可采取 433MHz 定频的定位方式，结合我方独有的多基站定位技术，根据附近基站的反馈情况进行定位；当精度要求较高时，在多基站的定位的基础上，需要进行 433MHz～2.4GHz 的扫频、扫幅的方式来提高定位精度；当精度要求非常高时，除了以上方案外，还需要借助邻近的手环和头盔进行"羊群模式"的相互定位辅助。

定位结果在智慧工地云平台和智慧工地 APP 上的 BIM 模型上进行展示和管理。

图 4-37　安全体验区

（2）四维施工进度管理。

通过将计划进度与实际进度和 BIM 模型相关联，我们建立了项目四维进度模型，时间上到每一天，形象上到每一工序，更方便我们对进度把控。同时，也方便了工程进度信息的快速、准确沟通，计划统计人员只需选中完成部位、右键修改属性、保存 3 个步骤，一份包含三维进度图、工程量、计划与实际对比等重要数据的报表就会立即生成。可在平台上实时查看项目进度动态，使决策层更方便地了解现场进度动态，进行项目整体把控。

此管理模块在智慧工地云平台和智慧工地 APP 中统一管理、监控并形成数据文档。

（3）每日工作自动提示。

将 BIM 模型进度与日常工作安排挂钩，提示工作内容与要点。减少漏错缺工作，有助于管理人员合理安排工作。此项工作也需要在项目前期进行良好的规划，一旦系统成型，不但可以帮工作繁杂的业务骨干理清工作思路，避免忙中出差，也可以让新员工能快速融入工作，熟悉工作流程，还可以让项目能良好过渡工作交接等管理薄弱期。

5）绿色施工

绿色施工模块的硬件部分由风速传感器、噪声传感器、粉尘传感器、温度传感器、水位监测器、烟雾传感器、瓦斯传感器、氧传感器、智能逻辑单元、射频发射装置、射频基站、喷水机构、火警机构、通风机构等构成。

整个系统并入 433MHz 的通信系统中，无需手机基站和 GPS 的支持就可以完成数据传输功能，非常适合在地下、野外等没有手机通信的施工地点工作，除此之外433MHz穿透力强，受环境因素干扰小，如图4-38所示。

图4-38　噪声监测及喷淋系统

绿色施工的主要功能有：

（1）具有风速实时监测和历史数据储存功能，并可在智慧工地云平台和智慧工地APP中设置预警参数。

（2）具有噪声实时监测和历史数据储存功能，并可在智慧工地云平台和智慧工地APP中设置预警参数。

（3）具有扬尘实时监测和历史数据储存功能，并可在智慧工地云平台和智慧工地APP中设置控制参数，当达到粉尘上限或设定时间标准时，由喷水机构自动喷水降尘。

（4）具有温度和烟雾实时监测和历史数据储存功能，当将要发生起火时，可自动进行预警和报警，并驱动喷水机构自动喷水，进行灭火。并可在智慧工地云平台和智慧工地APP中设置预警参数。

（5）具有水位实时监测和历史数据储存功能，当水位过高时，可自动进行预警和报警，通知应急救援人员。并可在智慧工地云平台和智慧工地APP中设置预警参数。

整个绿色施工模块在智慧工地云平台和智慧工地APP中统一管理、监控并形成数据文档。

4.8.3　关键技术

基于BIM的信息化绿色施工技术，道庆洲项目完成了BIM信息化绿色施工示范内容，达到了示范目标，拓广了BIM技术在施工过程中的应用，实现技术资料可视化、施工平面布置、碰撞检查、预制构件拼装、施工动画、智慧工地等方面的实践与探究。但仍然存在着系统理念不足、应用范围不广等问题。对于施工应用的后续推广做出如下建议。

1. 管线综合深化

以最终的施工图纸为作业指导，且根据现场施工安装要求与工序安排，开展施工阶段的管线综合深化设计。通过三维模型进行碰撞检查，优化调整模型，辅助出施工图纸，达到指导施工的要求。

2. 施工节点技术工艺方案模拟

在施工方案编制的过程中引入 BIM 三维运用，对施工重难点进行可视化表达，对技术工艺进行动画预演，分析其操作的可行性，指导方案决策。与此同时，在工艺预演的过程中，同时考虑危险源，做到安全施工。

3. 4D 进度管控

基于 BIM 施工进度控制是在现有进度管理体系中引入 BIM 技术，综合发挥 BIM 技术和现有进度管理理论与方法相结合的优势。将施工进度计划与 BIM 模型相连接，形成 4D 的施工模拟，项目团队可据此分析施工计划的可行性与科学性，并根据分析结果对施工进度计划进行调整及优化，实现精细化的进度管控。

4. 竣工验收

协助业主审核施工单位提交的竣工模型，实现模型与现场实物基本一致，为项目运维管理提供基础数据。

5 科技成果

项目依托道庆洲过江通道工程，在中建股份科技研发课题（CSCEC-2019-Z-32）支持下，通过技术研发、试验研究、数值仿真与工程应用相结合的研究手段，对大型公轨共建桥梁施工关键技术开展系统研究推动了公轨共建桥梁建造水平的发展，研发系列设计及施工创新技术，开发核心知识产权，解决潮汐河口大直径嵌岩桩、双壁钢围堰、双层现浇梁、大跨钢桁结合梁等设计及施工难题，见表 5-1。

科研成果及奖项　　　　　　　　　　表 5-1

序号	奖项名称	获得时间	颁奖部门
1	福建省 2020 年度公路水运工程"平安工地"省级示范项目	2020.12	福建省交通运输厅
2	中建股份科技示范工程	2022.06	中国建筑股份有限公司
3	海南省省级工法两项	2020.12	海南省建筑业协会
4	2019 第二届"优路杯"全国 BIM 技术大赛优秀奖	2019.12	工业和信息化部人才交流中心
5	"十三五"国家重点研发计划"基于 BIM 的信息化绿色施工技术研究与示范"示范项目验收	2020.09	中国建筑股份有限公司
6	首届工程建造微创新技术大赛优胜奖	2021.09	中国施工企业管理协会
7	工程建造微创新技术大赛二等成果	2023.07	中国施工企业管理协会
8	2022 年中国公路建设协会科学技术二等奖	2022.12	中国公路建设协会
9	2023 年中国钢结构协会科学技术一等奖	2023.10	中国钢结构协会
10	2023 年天津市科学技术进步三等奖	2024.04	天津市人民政府
11	2018 年度工程建设优秀质量管理小组二等奖	2018.7	中国施工企业管理协会
12	2019 年度全国工程建设质量管理小组活动成果交流会Ⅲ类成果	2019.06	中国建筑业协会
13	2020 年海南省质量管理工具应用大赛——第 16 届质量管理（QC）小组活动二等成果	2020.09	海南省质量协会
14	2021 年海南省质量管理工具应用大赛——质量管理（QC）小组活动三等成果	2021.09	海南省质量协会
15	2019 年海南省质量管理工具应用大赛——质量创新项目三等奖	2019.09	海南省质量协会
16	2019 年海南省质量管理工具应用大赛——6S 管理最佳现场	2019.09	海南省质量协会
17	发明专利 3 项，实用新型专利 26 项	2017～2023	国家知识产权局
18	省级及以上论文 14 篇	2017～2023	

参考文献

［1］《中国公路学报》编辑部. 中国桥梁工程学术研究综述·2021［J］. 中国公路学报，2014，27（05）：1-96.

［2］焦亚萌，金令. 大跨度连续钢桁结合梁设计研究［J］. 铁道勘察，2020（02）.

［3］杨光武，郑亚鹏. 福州道庆洲大桥总体设计及关键技术［J］. 桥梁建设，2020，50（S02）：7.

［4］邹敏勇，郑亚鹏. 道庆洲大桥曲线变宽双层钢桁梁设计［J］. 世界桥梁，2020，48（03）：5.

［5］黄国雄. 公路轨道合建过江通道设计与研究［J］. 福建建筑，2021（03）：5.

［6］文坡，杨光武，徐伟. 黄冈公铁两用长江大桥主桥钢梁设计［J］. 桥梁建设，2014，44（03）：6.

［7］邹敏勇，易伦雄，吴国强. 商合杭铁路芜湖长江公铁大桥主桥钢梁设计［J］. 桥梁建设，2019，49（01）：6.

［8］刘俊锋，宁伯伟，李华云. 三门峡黄河公铁两用大桥总体设计及创新［J］. 铁道标准设计，2019，63（01）：5.

［9］覃兴旭，林翔. 连续钢桁梁悬拼施工不对称支撑体系研究［J］. 施工技术，2020，49（09）：4.

［10］耿波，王福敏，魏思斯. 重庆东水门长江大桥设计关键技术［J］. 桥梁建设，2017，47（04）：6.

［11］梅新咏，徐伟，段雪炜，等. 平潭海峡公铁两用大桥总体设计［J］. 铁道标准设计，2020，64（S01）：6.

［12］邹敏勇，易伦雄，吴国强. 商合杭铁路芜湖长江公铁大桥主桥钢梁设计［J］. 桥梁建设，2019，49（01）：6.

［13］侯健，徐伟，彭振华. 平曲线段大跨简支钢桁梁悬臂架设方法［J］. 世界桥梁，2018.

［14］班航，田卫国，邹飞仁，等. 复杂多变流域公轨两用桥深水高强度裸岩钻孔灌注桩施工技术［J］. 福建建设科技，2020（02）：4.

［15］胡永. 深水裸岩钻孔灌注桩施工技术［J］. 铁道勘察，2007，33（03）：4.

［16］张建新. 武宁大桥深水基础钻孔灌注桩施工技术［J］. 铁道标准设计，2006（01）：3.

［17］周达培，周翰斌. 深水裸岩钻孔桩施工中关键技术难题的处理［J］. 公路交通科技，2005，22（11）：100-104.

［18］胡海龙，林湧伟，陶波，等. 基于潮汐环境下抛石区斜面岩桩基平台施工技术［J］. 福建建设科技，2021（02）：5.

［19］强伟亮，高璞，谢朋林，等. 水上大跨度公轨双层主梁现浇支架设计［J］. 施工技术，2019（17）：4.

［20］王同民，任文辉. 银川滨河黄河大桥东水中引桥施工关键技术［J］. 桥梁建设，2017，47（03）：105-110.

［21］陈佛赐. 一种新型桁架在现浇箱梁梁式支架中的应用［J］. 世界桥梁，2016，44（06）：36-40.
刘云宵. 大型跨江大桥水中支架施工方案的研究与应用［D］. 安徽理工大学，2018.

［22］贾维君. 混凝土梁桥整孔现浇施工方案优选与实施研究［D］. 东南大学，2019.

［23］方柯，刘爱林. 芜湖长江公铁大桥南引桥铁路梁斜腿支架现浇施工技术［J］. 桥梁建设，2020，50（06）：116-121.

［24］王强，刘爱林. 芜湖长江公铁大桥南引桥40.7m简支梁施工关键技术［J］. 桥梁建设，2019，49（01）：7-11.

［25］刘晓敏，石怡安，强伟亮，等．高潮差深水基础大型双壁钢吊箱设计与施工技术研究［J］．施工技术，2021，50（05）：4．

［26］刘晓敏，张强，李飞，等．裸岩区深水基础先堰后桩建造技术研究［J］．施工技术，2021．

［27］陈四华，班航，邹辉，等．道庆洲大桥深水基础工程承台双壁钢围堰施工过程受力性能分析［J］．福建建设科技，2019（01）：4．

［28］刘耀东，余天庆，石峻峰，等．双壁钢吊箱围堰的仿真计算及施工关键技术［J］．桥梁建设，2009（02）：4．

［29］时天利，任回兴，贺茂生．苏通大桥深水双壁钢围堰设计与施工［J］．世界桥梁，2007（03）：30-33．

［30］胡敏润，罗赞荣，焦广华．大型高桩承台单壁钢吊箱施工技术［J］．世界桥梁，2012，40（04）：4．

［31］中华人民共和国住房和城乡建设部．钢结构设计标准：GB 50017—2017［S］．北京：中国建筑工业出版社，2017．

［32］中华人民共和国交通运输部．公路桥涵设计通用规范：JTG D60—2015［S］．北京：人民交通出版社，2015．

责任编辑　张　磊
　　　　　边　琨

建工出版社微信　各地建筑书店

微信扫码　免费兑换

经销单位：各地新华书店 / 建筑书店（扫描上方二维码）
网络销售：中国建筑工业出版社官网　http://www.cabp.com.cn
　　　　　中国建筑出版在线　http://www.cabplink.com
　　　　　中国建筑工业出版社旗舰店（天猫）
　　　　　中国建筑工业出版社官方旗舰店（京东）
　　　　　中国建筑书店有限责任公司图书专营店（京东）
　　　　　新华文轩旗舰店（天猫）　凤凰新华书店旗舰店（天猫）
　　　　　博库图书专营店（天猫）　浙江新华书店图书专营店（天猫）
　　　　　当当网　京东商城
图书销售分类：建筑施工（C10）

ISBN 978-7-112-30876-7

9 787112 308767 >

（44093）定价：62.00 元